中等职业教育土木工程大类规划教材

施工组织设计与概预算

（上册）

朱凤兰　主　编
李玉玲　副主编

中国铁道出版社

2017年·北京

内 容 简 介

《施工组织设计与概预算》为中等职业教育土木工程大类规划教材之一,分为上、下两册。本书为上册,共设 5 个项目,共计 20 个任务,详细、系统地阐述了工程施工组织概论、施工过程组织原理、施工组织设计机械化施工组织设计和网络计划技术。

本书可作为中等职业学校工程管理、土木工程专业的教材,也可供铁路、公路施工、招标与投标、预算、监理等相关人员参考。

图书在版编目(CIP)数据

施工组织设计与概预算 . 上册/朱凤兰主编. —北京:
中国铁道出版社,2017.2
中等职业教育土木工程大类规划教材
ISBN 978-7-113-22413-4

Ⅰ.①施…　Ⅱ.①朱…　Ⅲ.①建筑工程—施工组织—
设计—中等专业学校—教材②建筑概算定额—中等专业学校—
教材③建筑预算定额—中等专业学校—教材　Ⅳ.①TU721
②TU723.3

中国版本图书馆 CIP 数据核字(2016)第 235043 号

书　　名:施工组织设计与概预算(上册)	
作　　者:朱凤兰　主编	

责任编辑:刘红梅　　　**编辑部电话**:010-51873133　　　**电子信箱**:mm2005td@126.com
封面设计:王镜夷
责任校对:孙　玫
责任印制:郭向伟

出版发行:中国铁道出版社(100054,北京市西城区右安门西街 8 号)
网　　址:http://www.tdpress.com
印　　刷:北京海淀五色花印刷厂
版　　次:2017 年 2 月第 1 版　　2017 年 2 月第 1 次印刷
开　　本:787 mm×1 092 mm　1/16　印张:9.5　字数:240 千
书　　号:ISBN 978-7-113-22413-4
定　　价:24.00 元

版权所有　侵权必究

凡购买铁道版图书,如有印制质量问题,请与本社教材图书营销部联系调换。电话:(010)51873174(发行部)
打击盗版举报电话:市电(010)51873659,路电(021)73659,传真(010)63549480

前　言

　　施工组织设计与概（预）算是基本建设计划、工程招标与投标、工程设计、工程施工、工程监理等各项管理工作的基础，也是基本建设投资、拨款、贷款，银行监督，实行投资包干，签订承发包合同的主要依据，特别是随着我国科学技术的高速发展，施工机械化水平的不断提高，新的施工工艺、施工方法、施工技术、施工材料的不断涌现以及以市场自主定价为导向的工程造价改革的深入发展，新一轮概（预）算编制办法的颁布、实施等等，在客观上都要求广大工程技术人员与管理工作者，紧跟工程造价改革步伐，不断更新观念，掌握和理解施工组织设计与概（预）算的新知识、新方法，提高自身业务能力。

　　本书分为上、下两册。上册详细、系统地阐述了工程施工组织设计的基本概念、施工组织设计的程序和编制的方法、施工过程组织原理、机械化施工组织设计和网络计划技术。下册详细、系统地阐述了工程造价有关的基础知识，工程定额，铁路及公路工程概（预）算编制的原理、程序和方法，工程清单计量与计价，工程验工计价与价款结算等方面的知识和内容。特别在铁路工程概（预）算部分，详细介绍了现行《铁路基本建设工程设计概（预）算编制办法》的相关原理，并通过大量的示例介绍了具体的使用方法；依据《铁路工程量清单计价指南》，介绍了铁路工程量清单的编制及应用原理，对铁路拆迁工程、路基工程、桥涵工程、隧道及明洞工程、轨道工程、站后工程及大临工程的构造和工程量计算规则作了较为详细的介绍。公路工程概预算部分以现行《公路工程基本建设项目概算预算编制办法》和《公路工程量清单计量规则》为依据，全面介绍了公路工程概预算编制原理和各分类工程量清单计量规则与方法。

　　本书在编写的过程中遵循学生的认知规律，由浅入深，本着"简明扼要、综合性强、实践性强、强调行业特色"的宗旨，广泛吸收新工艺、新方法、新规范、新标准，着重突出职业性、实用性、创新性。使之具有结构新颖、图文并茂、内容全面、通俗易懂、案例丰富的特点。本教材可作为工程管理、土木工程专业相关课程的教材，也可供铁路、公路施工、招标与投标、预算、监理等相关人员参考。

　　本书由齐齐哈尔铁路工程学校朱凤兰主编、李玉玲副主编。编写人员分工如下：项目 1、项目 2 由李玉玲编写，项目 3、项目 4 由成都铁路工程学校李有权编写，项目 5 由朱凤兰编写。在本书的编写过程中，参考和引用了众多专家、学者的著作，在此表示衷心的感谢。

由于本书涉及的内容广泛，许多方面在我国仍属于需要研究和探索的课题，加之作者水平有限，难免存在错误和不足之处，希望得到广大专家和读者的指正。

编　者
2017 年 1 月

目录

MU LU

项目 1　工程施工组织概论

项目描述

施工组织是根据批准的建设计划、设计文件(施工图)和工程承包合同,对建筑安装工程任务从开工到竣工交付使用所进行的计划、组织、控制等活动的统称。简而言之,施工组织是针对施工过程中直接使用的建筑工人、施工机械和建筑材料与构件等的组织,即对基本施工过程和非基本施工过程和附属业务的组织,它既包括正式工程的施工,又包括临时设施工程的施工。

施工组织是项目施工管理中的主要组成部分,它所处的地位与作用直接关系着整个项目的经营成果。也可以说,它是把一个施工企业的生产管理范围缩小到一个施工现场(区域)上对一个个工程项目的管理。

教学目标

知识目标

1. 掌握工程施工组织研究的对象与任务;

2. 掌握工程施工程序;

3. 掌握工程施工组织调查的程序和方法;

4. 掌握工程建设的内容及特点;

5. 掌握工程项目管理任务、内容及特点。

技能目标

1. 具备在不同的工程情况下,组织接受施工项目能力;

2. 具备在不同的工程情况下,进行施工前准备、工程施工和竣工验收能力;

3. 具备运用路基工程、桥涵工程、隧道工程、轨道工程内容组织施工能力;

4. 具备执行工程施工规范、工程验收标准的能力。

素质目标

1. 具有拓展学习的能力;

2. 具有很强的团队精神和协作意识;

3. 养成吃苦耐劳,严谨求实的工作作风;

4. 具备一定的协调、组织管理能力。

典型工作任务 1.1　工程施工组织的研究对象与任务

1.1.1　工作任务

通过学习,使学生掌握施工组织的具体内容,了解铁路及公路建设资金的来源。

1.1.2 相关配套知识

1. 铁路及公路工程施工组织的研究对象

铁路、公路工程施工组织主要研究铁路、公路建设项目施工过程中施工人员、施工资金、工程材料、施工机械、施工方法等生产诸要素的合理配置问题,如图1.1所示。

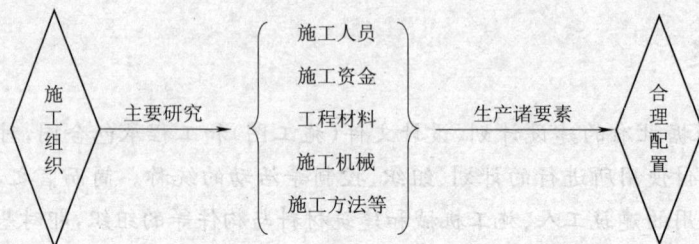

图 1.1 施工组织研究对象

2. 铁路及公路工程施工组织的任务

施工组织的任务是指按照客观规律对施工生产要素进行优化配置和动态管理,科学地组织施工,以实现施工项目的质量、成本、工期和安全的管理目标。具体包括以下内容:

1)了解工程概况

首先要了解施工任务、施工环境、施工内容、施工进度、施工方法、资金预算和保障措施等。

2)确定施工方案

施工方案的论证和选择是施工组织设计中最重要的环节之一,是决定工程全局的关键因素。施工方案主要确定施工方法、选择施工机械、安排施工工序等。

3)计算工程数量

根据工程量和总工期的要求,合理部署施工人员、施工资金、工程材料、施工机械等需用量和供应方案。

4)编制施工进度

科学安排施工时间表、路线图,责任分工到位,是工程按期实施的重要条件。

5)规划施工现场

合理布局生产、生活、交通等设施,最大限度节约临时用地,保护环境,利于施工,方便生活。保障安全,绘制施工场地平面图。

6)制定保障措施

为保证工程质量和安全施工,必须建立健全施工组织机构、施工运行机制、施工过程管理、施工资金保障、施工应急预案等施工保障措施。

3. 铁路及公路建设资金来源

我国铁路、公路建设所需资金,按照"政府主导、多元化投资、市场化运作"的原则,不断拓宽筹融资渠道,建设资金主要有五个来源。

1)财政预算投资

由国家预算安排的、并列入年度基本建设计划的建设项目投资为财政预算投资,也称为国家投资。

　　2）自筹资金投资

　　自筹资金是指各地区、各部门、各单位按照财政制度提留、管理和自行分配用于固定资产再生产的资金。自筹资金主要有：地方自筹资金；部门自筹资金；企业、事业单位自筹资金；集体、城乡个人筹集资金等。自筹资金必须纳入国家计划，并控制在国家确定的自筹资金投资规模以内。地方和企业的自筹资金，应由建设银行统一管理，其投资要同预算内投资一样，事先要进行可行性研究和技术经济论证，严格按基本建设程序办事，以保障自筹投资有较好的投资效益。

　　3）银行贷款投资

　　银行利用信贷资金发放基本建设贷款是建设项目投资资金的重要组成部分。

　　4）利用外资

　　利用多种形式的外资，是我国实行改革开放政策、引进外国先进技术的一个重要步骤，同时也是我国建设项目投资不可缺少的重要资金来源。其主要形式有：外国政府贷款；国际金融组织贷款；国外商业银行贷款；在国外金融市场上发行债券；吸收外国银行、企业和私人存款；利用出口信贷；吸收国外资本直接投资包括与外商合资经营、合作经营、合作开发以及外商独资等形式；补偿贸易；对外加工装配；国际租赁；利用外资的 BOT 方式等。

　　5）利用有价证券市场筹措建设资金

　　有价证券市场，是指买卖公债、公司债券和股票等有价证券，在不增加社会资金总量和资金所有权的前提下，通过融资方式，把分散的资金累积起来，从而有效地改变社会资金总量的结构。

　　有效证券主要指债券和股票。

典型工作任务 1.2　工程施工程序

1.2.1　工作任务

　　通过学习掌握工程施工的程序；了解施工准备工作的内容；掌握施工单位在竣工验收阶段的工作内容，初步认知工程施工程序。

1.2.2　相关配套知识

　　不论是铁路、公路工程基本建设，还是大中修工程项目，施工程序是一致的。铁路、公路施工程序是指施工单位从接受施工任务到工程竣工验收阶段必须遵守的工作顺序。主要包括：接受施工项目（签定工程承包合同）、施工准备工作、工程施工和竣工验收，如图 1.2 所示。

接受施工项目 → 施工准备 → 工程施工 → 竣工验收

图 1.2　施工程序

1. 接受施工项目
1）施工单位接受施工项目的方式
施工单位接受施工项目通常有三种方式：
（1）由上级主管部门统一布置任务，下达计划安排的项目；

(2)经过主管部门同意,自行对外接受的项目;

(3)参加投标,中标而获得的项目。

现在,施工项目主要通过参加投标,通过建设市场中的平等竞争而取得。

2)施工单位接受施工项目的注意事项

(1)查证核实工程项目。查证核实工程项目是否列入国家计划,必须有批准的可行性研究、初步设计(或施工图设计)及概(预)算文件方可签定施工承包合同,进行施工准备工作。

(2)接受施工项目。接受施工项目,以签定施工承包合同为准。施工单位,凡接受工程项目,都必须同建设单位签定工程承包合同,明确各自的权利和义务即明确双方的经济、技术责任,互相制约,共同保证按质、按量、按期完成建设项目的建设任务。合同一经签定,即具有法律效力,双方要严格履行合同。

(3)施工承包合同内容。施工承包合同内容一般包括:简要说明;工程概况;承包方式;工程质量;开(竣)工日期;工程造价;物资供应与管理;工程拨款与结算办法;违约责任;奖惩条款;双方的配合协作关系等。

2. 施工准备工作

施工准备工作是指为了保证工程顺利开工和施工活动正常进行而实现做好的准备工作。它不仅在工程开工前要做,开工后也要做,它贯穿于整个工程建设的始终,为工程开工和顺利施工创造有利条件,可以降低施工风险,提高企业综合经济效益。准备工作的基本任务是:了解施工的客观条件,根据工程的特点、进度要求,合理安排施工力量,从人力、物资、技术和施工组织等方面为工程施工创造一切必要的条件。

施工准备工作的内容可以归纳如下:

1)施工技术准备

(1)熟悉和核对设计文件及有关资料

施工单位要组织施工管理人员和技术人员提前熟悉设计图纸,了解本工程的特点和设计意图,找出需要解决的技术难题,制定有效的解决方案,进行工程管理策划。仔细的审查图纸,及时的发现施工图纸存在的问题,及时的提出问题,将因图纸问题造成工程的隐患消灭在萌芽之中。此外,从设计到施工通常都要间隔几年时间,勘测设计时的原始自然状况由于各种原因已经变化,因此,必须对设计文件和图纸进行现场核对。其主要内容是:

①审查拟建工程的地点、建筑总平面图和国家、城市或地区规划是否一致,建筑物或构筑物的设计功能和使用要求是否符合卫生、防火及美化城市方面的要求。

②图纸的设计是否符合现行相关技术标准、规范要求,设计资料是否符合国家有关工程建设的设计、施工方面的方针和政策,有无重大原则错误。图纸本身有无矛盾(如图纸的结构前后是否一致,前后高程尺寸、图纸说明及检查与设计的是否一致,平、纵、横三剖断面是否一致等问题),对设计不合理的是否可以进一步优化。

③设计文件所依据的水文、气象、地质、岩土等资料是否准确、可靠、齐全,对地质不良地段采取的处理措施是否先进合理,对防止水土流失和保护环境采取的措施是否适当、有效。

④核对建筑总平面图与其他结构图在几何尺寸、坐标、高程、说明等方面是否一致。

⑤路线或构造物与农用、水利、航道、既有铁路、既有公路、电信、管道及其他建筑物的相互干扰情况及其解决办法是否适当,干扰可否避免(对历史文物纪念地尤为重要)。

⑥明确拟建工程的结构形式和特点,复核主要承重结构的强度、刚度和稳定性是否满足要求,审查设计图纸中的工程复杂、施工难度大和技术要求高的分部分项工程或新结构、新材料、

新工艺,检查现有施工技术水平和管理水平能否满足工期和质量要求并采取可行的技术措施加以保证。

⑦临时便桥、便道、房屋、电力设施、电讯设施、临时供水、施工场地布置等是否合理。

⑧明确建设期限、分期分批投产或交付使用的顺序和时间,以及工程所用的主要材料、设备的数量、规格、来源和供货日期。

⑨明确建设、设计和施工等单位之间的协作、配合关系,以及业主可以提供的施工条件。

(2)补充调查资料

进行现场补充调查,是为了优化和修改设计、编制实施性施工组织设计、因地制宜地布置施工场地等收集资料。

①自然条件的调查分析。建设地区自然条件的调查分析的主要内容有地区水准点和绝对标高等情况;地质构造、土的性质和类别、地基土的承载力、地震级别和裂度等情况,河流、流量和水质、最高洪水和枯水期的水位等情况;地下水位的高低变化情况,含水层的厚度、流向、流量和水质等情况;气温、雨、雪、风和雷电等情况;土的冻结深度和冬雨季的期限等情况。

②技术经济条件的调查分析。建设地区技术经济条件的调查分析的主要内容有:地方建筑施工企业的状况、施工现场的动迁状况;当地可利用的地方材料状况,国拨材料供应状况;地方能源和交通运输状况;地方劳动力和技术水平状况;当地生活供应、教育和医疗卫生状况;当地消防、治安状况和参加施工单位的力量状况;少数民族地区的风俗习惯等。

(3)编制实施性施工组织设计和施工预算

实施性施工组织设计是指导施工的重要技术文件。实施性施工组织设计分两级:总体实施性施工组织设计和单位工程实施性施工组织设计。针对综合大标段工程点多线长的特点,编制总体实施性施工组织设计;每一个单位工程应单独编制单位工程实施性施工组织设计。

编制时需要注意的问题:

①实施性施工组织设计严格按照有关行业施工组织设计规范或指南的要求进行编制,集团公司部分项目实施性施工组织设计编制存在缺项、漏项和内容编写深度不够、操作性不强、前后重复等问题,应针对规范或指南中的编制内容条目一一对应编写,同时应尽可能地贴近现场实际,使其具有可操作性,真正体现知道现场施工的作用。

②要识别清楚施组编制以及施工实施过程中的现行规范、技术指南、规定等。另建管理目录,作为施工组织设计文件组成部分。

③关键性的设计参数、结构尺寸在编制过程中要尽量减少遗漏或错误的现象。

④针对重点、难点部位逐一识别出需编制的专项方案名,明确编制节点时间,审批层级、计划实施时间等并在实施性施工组织设计章节中注明见某专项方案即可。

⑤针对施组章节中末尾部门的各项管理措施(质量、安全、工期、成本控制、职业健康、水土保持、文物保护、文明施工、冬、夏雨季施工措施)占用太大篇幅,建议将该部分内容采用分册编制作为实施性施工组织设计的组成部分,同时具体的施工工艺和工法不需要细化到作业指导书的程度,更不需要抄录规范与技术标准中的内容,要给施组"减肥"。

2)施工现场准备

工程项目开工前,应依据施工现场的空间规划,搞好施工用地划拨,建筑物拆迁与改移、"三通一平"及各种临时设施的搭设等施工现场准备工作。

(1)征地及拆迁

位于施工地界内的建筑物,不能作为临时设施的都必须拆除或迁移,包括房屋、围墙、水井、堰塘、电杆、管线等。

(2)施工现场"三通一平"

在拆除施工地界内的一切妨碍施工的障碍物后工作,把施工道路、水电管网接通到施工现场的"场外三通"通常由业主完成,但有时也委托施工单位完成。

①路通。施工现场的道路,是组织大量物资进场的运输动脉,为了保证建筑材料、机械、设备和构件早日进场,必须先修通主要干道及必要的临时性道路。为了节省工程费用,应尽可能利用已有的道路或结合正式工程的永久性道路。为使施工时不损坏路面和加快修路速度,可以先做路基,施工完毕后再做路面。

②水通。施工现场的水通包括给水和排水两个方面。施工用水包括生产、生活用水和消防用水,其布置应按施工总平面图的规划进行安排。施工给水设施应尽量利用永久性给水线路。临时管线的铺设既要满足生产用水点的需要和使用方便,也要尽量缩短管线。施工现场的排水也是十分重要的,尤其雨季,排水问题会影响施工顺利进行,因此要做好排水工作。

③电通。根据各种施工机械用电量及照明用电量,计算选择配电变压器,并与供电部门联系,按施工组织设计的要求,架设好连接电力干线的工地内外临时供电线路及通信线路,应注意对建筑红线内及现场周围不准拆迁的电线、电缆加以妥善保护。此外,还应考虑到因供电系统供电不足或不能供电时,为满足施工工地的连续供电要求,配备备用发电机。

④平整施工场地。施工现场的平整工作,按施工总平面图进行。首先通过测量,计算出挖土机填土的数量,设计土方调配方案,然后组织人力或机械进行平整工作。同时要清理地面上的各种障碍物,如树根等。还要特别注意地下管道、电缆等情况,对它们必须采取可靠的保护措施或拆除。

3)施工人员准备

铁路、公路施工需要调用大量管理人员和作业人员,施工技术准备和现场准备工作基本完成后,即可组建施工机构,集结施工队伍。当施工队伍进场后,应及时做好开工前的政治思想教育、技术学习和安全教育工作。

施工先遣人员的任务就是:结合施工现场的实际情况,具体落实施工人员进场开工后在生产、生活等方面必须解决的问题。对施工中涉及其他部门的问题,做好联系、协调工作。及时与当地政府部门取得联系,争取地方政府对工程施工的支持。

4)施工物资准备

施工现场准备工作基本完成后,即可组织施工材料、机具按计划进入施工现场,并按事先平面布局规划存放和妥善保管。

5)施工资金准备

工程开工前,建设单位应按施工合同将工程备料预付款拨给施工单位,以便施工单位安排备料,准备开工。

6)提出开工报告

上述各项具体准备工作完成后,即可向建设单位或施工监理部门提出开工报告。开工报告必须按规定的格式填写,并按上级要求或合同规定的最后日期之前提出。

3. 工程施工

1)工程施工组织基本文件

(1)设计图纸、资料。

(2)施工规范和技术操作规程。

(3)各种定额。

(4)施工图预算。

(5)实施性施工组织设计。

(6)工程质量检验评定标准和施工验收规范。

(7)施工安全操作规程。

2)工程施工组织基本要求

在开工报告批准以后,才可以开始正式施工。施工必须严格按照设计图纸进行,如果需要变更,必须事先按规定程序报经监理工程师或建设单位批准。按照施工组织设计确定的施工方法、施工顺序及进度要求进行施工。为了确保质量、安全操作,施工要严格按照设计要求和施工技术规范、验收规程进行。发现问题,及时解决。

铁路、公路工程施工都是复杂的系统工程,必须科学合理地组织,建立正常、文明的施工秩序,有效地使用劳动力、材料、机具、设备、资金等。施工方案要因地制宜、结合实际,施工方法要先进合理、切实可行。施工中既要保证工程质量和施工进度,又要注意保护环境、安全生产。

4. 竣工验收

施工项目竣工验收是承包人按照施工合同的规定,完成设计文件和施工图纸规定的工程内容,经发包人组织竣工验收及工程移交的过程。承包人交付竣工验收的施工项目必须符合《建筑法》第 61 条的规定:交付竣工验收的建筑工程,必须符合规定的建筑工程质量标准,有完整的工程技术经济资料和经签署的保修书,并具备国家规定的其他竣工条件,发包人组织竣工验收时,必须按照《建设工程质量管理条例》第 16 条规定的竣工验收条件执行。

竣工验收是工程建设周期的最后一道程序,是我国工程建设管理的一项基本法律制度,是建设成果转入生产使用的标志,也是管理项目的重要内容。

作好竣工验收工作,总结建设经验,对今后提高建设质量和管理水平有重要作用。施工单位在竣工验收阶段应作好以下几项工作:

1)竣工验收准备

工程项目按设计要求建成后,施工单位应自行初检。自行初检要的内容:

①设计文件、图纸和合同约定的各项内容的完成情况。

②工程技术档案和施工管理资料整理。

③工程所用建材、构配件、商品混凝土和设备的经常试(检)验报告。

④设计工程结构安全的试块、试件及有关材料的试验报告。

⑤地基与基础、主体结构等重要部位质量验收报告签证的情况。

⑥建设行政主管部门、质量监督机构或其他有关部门责令整改的执行情况。

⑦单位工程质量自评情况。

⑧工程质量保证书。

⑨工程款支付情况。

2)竣工验收工作

施工单位所承担的工程全部完成后,经初检符合设计要求,并具备相应的施工文件资料,应及时报请上级领导单位组织竣工验收。竣工验收的具体工作,由验收委员会负责完成。验收委员会在听取施工单位的施工情况和初检情况汇报并审查各项施工资料之后,采取全面检查、重点复查的方法进行验收。对初检时有争议的工程及确定返工或补做的工程,应全面检查和复测。对高填、深挖、急弯、陡坡路段,应重点抽查。小桥涵及一般构造物,一般路段路基、轨道或路面及排水和安全设施等,可采取随机抽查的方式进行检查。检查过程中,必要时可采用挖探、取样试验等手段。验收工作以设计文件为依据,按照国家有关规定,分析检查结果,评定工程质量等级,并经监理工程师签认。对需要返工的工程,应查明原因,提出处理意见,由施工单位负责按期修复。

3)技术总结

竣工验收通过后,施工单位应认真作好工程施工的技术总结,以利于不断提高施工技术水平和管理水平。对于施工中采用的新技术和重大技术革新项目,以及施工组织、技术管理、工程质量、安全工作等方面的成绩,应进行专题总结并在公司内推广。

4)建立技术档案

技术档案包括:

(1)设计文件。

(2)施工图表。

(3)原始记录。

(4)竣工文件。

(5)验收资料。

(6)专题施工技术总结等。

在工程竣工验收后,由施工单位汇集整理、装订成册,按管理等级建档保存,以备今后查用。

典型工作任务 1.3　工程施工组织调查

1.3.1　工作任务

通过学习,掌握施工组织调查的程序和内容;了解并掌握各专业施工组织调查的内容。

1.3.2　相关配套知识

1. 铁路及公路施工组织调查程序

铁路、公路施工组织调查的程序,如图 1.3 所示。

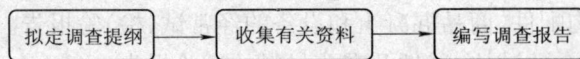

拟定调查提纲 → 收集有关资料 → 编写调查报告

图 1.3　施工组织调查程序

说明:

1)拟定调查提纲,包括调查范围、内容和调查方式。

2)组织现场勘察,收集有关资料。

3)通过资料分析,编写调查报告。

2. 铁路及公路施工组织调查内容

1)气象、地形、地质、水文和环境状况,包括气流、气温、降水、地震、植被等,特别是不良地质、特殊地质和自然灾害情况。

2)沿线的风俗习惯,卫生防疫,区域性的病疫等地区特征。

3)地方政府对建设征地拆迁、移民安置、环境保护等法规政策及实施方案。

4)沿线可利用资源及建设条件,具体内容如下:

(1)沿线工业、电力、通信、水源和其他动力分布情况。

(2)沿线交通设施、客货运输及交通规划情况。

(3)当地材料的产销情况,砂石料、木材、水泥、粉煤灰、矿粉、石灰、砖等的产地、产量(储量、可开采量)、质量、运输条件等。

(4)沿线火工品供应及管理情况。

(5)填料料源点位置、数量、质量情况,既有砟场生产情况,可供生产道砟的石源、可开采加工情况及运输条件。

(6)弃土场、弃渣场位置、地形地貌、可弃数量,需采取的环境保护措施。

(7)制梁场、轨枕(板)预制场、铺轨基地等大临设施的位置及设置条件。

(8)沿线地方政府及居民对本建设项目的态度和期望目标。

5)接轨的既有铁路情况,穿跨的铁路、公路、河流情况,用地数量、地类、拆迁数量、产权单位,用地范围内电力、通信、信号、建筑物及工业、生活管线状况,过渡、迁改方案及产权单位意见。

6)目前铁路行业、公路行业施工能力及施工技术水平。

7)其他需要调查的情况。

3. 铁路及公路各专业施工组织调查内容

1)路基工程

(1)核对土石类别及分布,调查填料类别、来源、弃土位置和运输条件等。

(2)调查核对级配碎石填料和拌合场地等有关资料。

(3)爆破施工地段的地形、地貌、地质,附近居民、建筑物、交通与电力、通信设施等。

2)桥梁工程

(1)调查跨越河流的水位、河道通航条件及标准。

(2)修建便道、便桥、码头、预制场、拌合站等大临设施的条件。

(3)桥梁分布情况。

(4)运架设备进场需要经过的道路、涵渠、桥梁的承载能力。

(5)设计桥梁施工方案、工艺的可行性。

3)隧道工程

调查洞口地形、弃渣利用条件、辅助导坑设置条件,便道引入方案。

4)轨道工程

铺轨基地接轨条件、引入方案、过渡工程方案。

4. 铁路及公路施工组织资料收集的方法

1)向勘察、设计单位收集资料。

2)从当地有关部门和类似工程中收集资料。

3)实地勘测和调查补充资料。

将调查收集得到的资料整理、归纳后,进行分析研究,对于特别重要的资料,必须复查其数据的可靠性、真实性。

5. 铁路及公路施工组织调查报告内容

1)工程概况。

2)施工条件。

3)施工方案建议。主要包括：

(1)施工区段及标段划分。

(2)施工道路、桥梁、码头、渡口等的设置方案，施工供水、供电网络和工地发电站的设置方案。

(3)砂石料来源选定和主要材料及半成品构件供应途径。

(4)主要材料场、制梁场、道砟场、轨枕(板)预制场、铺轨基地、拌合站等大临设施的位置和规模，临时用地复垦、转用方案。

(5)重点路基、特殊桥梁、长大隧道及轨道工程的施工方案。

(6)箱梁预制、运输、架设方案和现浇梁方案。

(7)征地拆迁组织方式、实施方案、推进计划及措施的意见，特殊拆迁项目与产权人达成的意向。

(8)与既有铁路接轨建议方案。

4)存在的主要问题和意见。

典型工作任务 1.4　工程建设的内容及特点

1.4.1　工作任务

通过学习掌握路基的构造和路基工程的内容；掌握桥涵的结构特征和桥涵工程的内容；掌握隧道的结构组成和施工内容。

1.4.2　相关配套知识

1.路基工程

1)路基

铁路路基是铁路轨道的基础、支承轨道和传递列车荷载的土工结构物。公路路基是路面的基础，支承路面和传递汽车荷载的建筑物。

路基按横断面形式可分为路堤和路堑两种，如图1.4、图1.5所示。

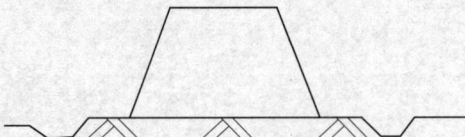

图1.4　路堤横断面图　　　　　　　图1.5　路堑横断面图

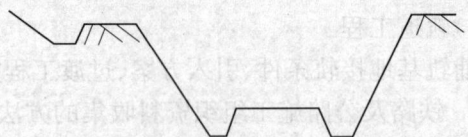

(1)路堤

当路肩设计标高高于天然地面时，路基是用土石在地面填筑而成，这种路基称为堤。路堤结构包括：路基面、边坡、护道、取土坑或纵向排水沟等。

(2)路堑

当路肩设计标高低于天然地面时，路基是用开挖土石而成，这种路基成为路堑。路堑结构包括:路基面、边坡、侧沟、弃土堆和截水沟等。

2)路基工程内容

路基工程主要包括路基本体工程和路基设备工程两大类。

路基本体工程的组成如图1.6所示。

路基设备工程包括:路基排水设备工程、路基防护设备工程、路基加固设备工程。

(1)路基本体工程

路基本体工程主要包括路堤工程和路堑工程。在一定条件下也可不经填筑和开挖而直接以天然地面做路基。

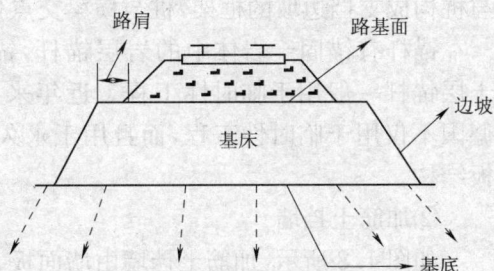

图1.6　路基本体的组成

路堑的开挖有全断面横挖法和通道纵挖法两种基本形式。全断面横挖法是指对路堑整个横断面的宽度和深度从一端或两端逐渐向前开挖的方式。全断面横挖法可分为一层横向全宽挖掘法和多层横向全宽挖掘法两种方式。一层横向全宽挖掘法适用于开挖深度小且较短的路堑。通道纵挖法是指沿路堑纵向挖掘一通道,然后将通道向两侧拓宽。上层通道拓宽至路堑边坡后,再开挖下层通道,按此方向土方挖掘和外运的流水作业。直至开挖到挖方路基顶面标高,称为通道纵挖法。通道可作为机械通行、运输土方车辆的道路。

路堑的开挖因土质条件不同采用的施工方也不同法。土质路堑可用挖土机、铲运机等开挖。石质路堑则用爆破技术开挖,特别在石方集中的大工点,常用松动大爆破,一次使石方松碎,便于机械或人工清理。

(2)路基防护

一般把防止风化和冲刷,主要起隔离、封闭作用的措施称为路基防护工程。防护工程不能承受外力作用,所以要求路基本身必须是稳定的。

对易生长植物的边坡,可采用种草籽、铺草皮或栽种灌木的防护措施。为提高种草效果,可采用塑料薄膜和草籽掺化肥法。对不易生长植物和陡峭的边坡,可采用修筑砌石护坡、护墙、三合土捶面等防护措施,其中锚杆喷射混凝土护墙采用较多。对河流冲刷的路基,一般采用加固、抛石和石笼等防冲刷措施,也采用潜坝、顺坝、挑水坝等导流建筑物,以疏导河水流向,减轻河水对坡岸的直接冲刷。我国还有采用水下桩排防护傍岸集中冲刷的施工方法。

(3)路基加固工程

把防止路基或山体因重力作用而坍滑,地基承载力不足而沉陷,主要起支承、加固作用的结构物称为路基的加固工程。最常见的是干砌片石垛、重力式坞工挡墙和钢筋混凝土半重力式挡墙。近年来,各国普遍采用一些轻型的新支挡结构,可充分利用地形,减少坞土量,提高施工机械化程度。其中主要有以下两种。

①锚杆挡墙

如图1.7所示,锚杆挡墙由钢筋混凝土支柱和挡板组成,是利用锚杆技术形成的一种挡土结构物。支柱采用锚固在岩体中的钢筋或钢丝索拉杆稳定;挡板一般采用泡沫

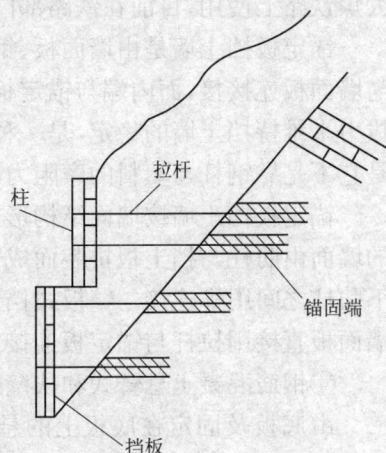

图1.7　锚杆挡墙

混凝土墙面板和预制墙面板。瑞士在朗西奥地区修筑公路时，为避免开挖路堑时风化岩层坍落，在将要修筑挡墙处先立 76 个钻孔灌注桩（桩的直径为 1.0 m，间距为 4.0 m，在路面以上部分长 18 m），然后再开挖路堑。在开挖中，采取分三层开挖的方法，并用三根钢筋混凝土横梁与桩构成支挡边坡的框架，桩与横梁交点处用钻孔斜锚杆锚固。

锚杆有锚固于岩体中的岩层锚杆，锚固于土体中的土层锚杆。岩层锚杆采用较普遍，土层锚杆一般用于临时性工程。近年来，土层锚杆的应用技术有很大发展，在日本和联邦德国不仅用于临时性工程，而且用于永久性建筑物。中国在铁路桥台和挡墙还采用了锚锭板结构。

②加筋土挡墙

如图 1.8 所示，加筋土挡墙由墙面板、拉筋及填土组成。面板用高约 25～150 cm 轻金属曲壳或预制混凝土板；拉筋用带状扁钢或金属纤维，其一端与面板相连，其余部分铺埋于填土中，挡墙靠拉筋与填土间的摩擦力保持稳定；填土一般用砂性土。世界上第一座公路加筋土挡墙于 1966 年在法国普拉聂尔斯建成，铁路加筋土挡墙于 1973 年在日本建成。加筋土挡墙适用于各种不同的工程条件，可承受静载、动载、地震荷载、水力荷载和海浪荷载等。此外，加筋土挡墙柔性大、造价低、施工简易。加筋土挡墙尚需进一步研究新型面板，以适应工程美观要求，并研究新拉筋材料，以提高摩阻力和防腐性能。

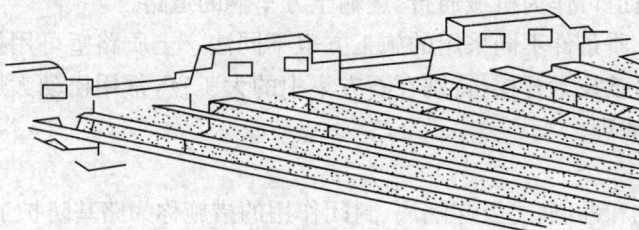

图 1.8　加筋土挡墙

③锚定板挡土墙

锚定板挡土结构是一种适用于填方的轻型支挡结构，可以用作挡土墙、桥台、港口护岸工程，是我国铁路部门首创的一种支挡结构形式，它发展于 20 世纪 70 年代初期，1974 年首次在太焦铁路上使用，目前在铁路部门已广泛使用。

锚定板挡土墙是由墙面板、钢拉杆及锚定板和填料组成（一般还应有基础）。钢拉杆外端与墙面板连接接，面内端与锚定板连接，通过钢拉杆，依靠埋置在填料中的锚定板所提供的抗拔力来维持挡土墙的稳定，是一种适用于填土的轻型只当结构。它与锚杆挡土墙的主要区别是它不是靠钢杆与填料的摩阻力来提供抗拔力的，而是由锚定板组成。

锚定板挡土墙按墙面结构形式可分为柱板式与壁板式两种。柱板式挡土墙［图 1.9(a)］的墙面由肋柱与挡土板拼装而成，根据运输和吊装能力可采用单根肋柱，也可以分段拼接，上下肋柱之间用榫连接。壁板式挡土墙［图 1.9(b)］的墙面板可采用矩形或十字形板拼装而成，墙面板直接用拉杆与锚定板连接。

④钢筋混凝土悬臂式和扶壁式挡土墙

由底板及固定在底板上的悬臂式直墙构成的主要靠底板上的填土重量维持稳定的挡土墙。规范规定当挡土墙的高度不超过 6 m 时，可选用悬臂式挡土墙（图 1.10），否则应采用扶壁式挡土墙（图 1.11），且高度不宜超过 10 m。

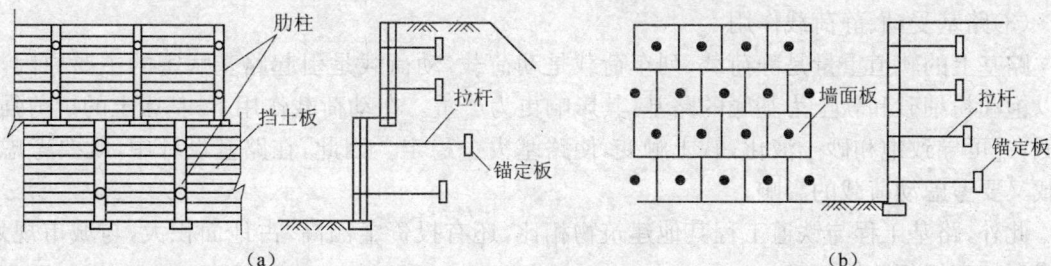

图 1.9 锚定板挡土墙

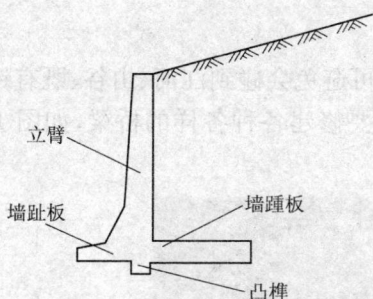

图 1.10 钢筋混凝土悬臂式

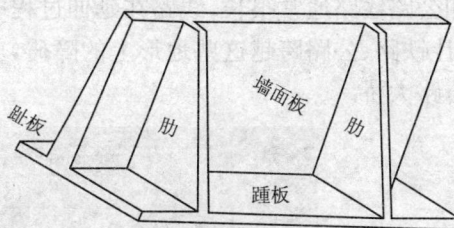

图 1.11 扶壁式挡土墙

（4）路基排水建筑物工程

路基排水的任务就是采用拦截、汇集、排除地表水或地下水的措施，将路基范围内的土基湿度降到一定的限度以内，确保排水通畅，结构稳定，行车安全，使路基常年保持干燥的状态，确保路基具有足够的强度和稳定性。

路基排水的设置原则是摸清水源，全面规划，因势利导，综合治理；保护生态环境，与农田水利相配合；防重于治，防治结合；施工场地的临时性排水设施，应尽可能与永久性排水设施相结合。路堤两侧设排水沟或利用取土坑排地面水。路堑两侧设侧沟，其中设于堑顶的侧沟称为天沟，设于边坡平台的侧沟称为截水沟。地面排水设备为避免渗水和冲刷，可铺砌或修筑木质、石质或混凝土排水槽，在高差较大和地形陡峻处，可增设跌水和急流槽。路基附近存在危及路基稳定性的地下水时，则在侧沟下或侧沟旁作渗水暗沟，以截断地下含水层，降低地下水位或将地下水聚集引出路基范围以外。渗水暗沟有的埋有渗水管，也有完全回填砂砾料不设渗水管，即盲沟。渗水暗沟设有反滤层和检查井，以防淤塞。

3）路基工程特点

（1）土石方数量大

在铁路、公路建设工程中，路基工程占有很大比重，尤其是山区路基更甚。平原地区的路基长度约占总长的 80%～90%，即使桥隧密集的成昆铁路，路基长度也占到全长的近 70%。因此路基工程需要耗费大量的土石方，一般新建单线铁路的土石方数量为 6.7 万 m^3/km，困难的山岳地区高达 13.5 万 m^3/km。

（2）路基的工作环境差

随着铁路的延伸，路基遇到的是各种地形、地质、水文、气候及地震区划等条件完全不同的工作环境，无论何时都要受到这些自然条件的影响。路基的设计、施工和养护工作、决不能离开当地具体的自然条件，应在充分调查的基础上，全面分析，综合考虑。

（3）路基受动、静荷载作用

路基上的轨道重量是静荷载，列车荷载是动荷载，动荷载是引起路基病害的主要原因，对于以饱和粉细砂和软土为基底的路基，其影响更为严重。在动荷载作用下，基床土的抗剪强度降低，并可导致饱和砂土液化，软土触变，使路基失去稳定。因此，在路基设计中，既要考虑静荷载又要考虑动荷载的影响。

此外，路基工程与铁道工程其他建筑物相比，还有投资金额高，占地面积大，与城市规划、环境保护密切相关等特点。

2. 桥涵工程

1）桥梁工程

（1）桥梁

铁路和公路线路通常很长，线路在延伸过程中不可避免会碰到江河、山谷、既有铁路、既有公路，为了让铁路、公路跨越这些地形上的障碍，就需要修建各种各样的桥梁，如图 1.12 所示苏通长江公路大桥。

图 1.12　苏通长江公路大桥

（2）桥梁工程内容

一般来讲，桥梁工程主要包括桥跨结构、下部结构、支座和附属设施等建设工程。

①桥跨结构（也称上部结构）是指桥梁结构中直接承受车辆和其他荷载，并跨越各种障碍物的主要承重结构，同时保证桥上交通能在一定条件下正常安全运营。

②下部结构工程。桥梁下部结构是由桥墩、桥台和基础组成的。桥墩和桥台是支承上部结构并将其恒载和车辆等活载传至基础的结构物。桥台除支承桥跨结构外，还起到衔接桥梁与路堤的作用，并抵御路堤的土压力，防止其滑坡坍落。

桥梁墩台底部与地基相接触的结构部分称为墩台基础。墩台基础是桥梁结构的根基，对桥梁结构的使用安全起着举足轻重的作用。这部分是桥梁施工中最复杂、难度最大的环节之一。大量事实证明，许多桥梁的毁坏都是由于墩台基础的强度或稳定性出现问题而引起的。

③支座工程。桥梁支座设在墩（台），是连接桥梁上部结构和下部结构的重要结构部件，桥梁支座的主要作用是将桥跨结构上的恒载与活载反力传递到桥梁的墩台上去，同时保证桥跨结构所要求的位移与转动，以便使结构的实际受力情况与计算的理论图式相符合。

④附属设施工程。桥梁的基本附属设施有桥面系、伸缩缝、桥梁与路堤衔接处的桥头搭板、桥台的锥形护坡、护岸、挡土墙、导流结构物、检查设备等。

（3）桥梁的类型

现行铁路、公路桥梁主要有下列几种。

①梁桥。它是以受弯为主的主梁作为承重构件的桥梁，是铁路、公路采用最多的一种桥梁类型，可细分为简支梁桥、连续梁桥和悬臂梁桥。

②拱桥。拱式桥由拱上建筑、拱圈和墩台组成。在竖直荷载作用下，作为承重结构的拱肋主要承受压力，拱桥的支座既要承受竖向力，又要承受水平力，因此拱式桥对基础与地基的要求比梁式桥要高。

③悬索桥。由主缆索、塔架、锚定、吊杆、加劲梁和桥面等主要构件组成，桥面荷载经加劲梁、吊杆传递给主缆索，再由主缆索传至塔架和两端的锚定。由于这种桥可充分利用悬索钢缆的高抗拉强度，具有用料省、自重轻的特点，是现在各种体系桥梁中能达到最大跨度的一种桥型。

④斜拉桥。斜拉桥是由塔、梁和斜向布置的拉索等组成的组合受力结构体系的桥梁。它是一种自锚式体系，斜拉索的水平力由梁承受，梁除支承在墩台上外，还支承在由塔柱引出的斜拉索上。

⑤刚架桥。刚架桥是指桥跨结构（梁或板）和墩台整体相连的桥梁。斜腿刚构桥可应用于山谷、深河陡坡地段，避免修建高墩或深水基础。箱形桥的梁跨、腿部和底板联成整体，刚性好，适用于地基不良的情况和既有线下采用顶推法施工。

除以上5种桥梁基本结构型式外，还有一种其承重结构系由两种结构型式组合而成，称为组合体系桥梁。有梁与拱的组合，梁与悬吊系统的组合，梁与斜拉索的组合等。

2）涵洞工程

（1）涵洞

涵洞是一种埋设在路堤下面，用来排泄小量水流或通过小型车辆和行人的建筑，涵洞上有回填土。

（2）涵洞工程内容

涵洞工程通常包括洞身、洞口建筑两大建设工程。

①洞身工程。洞身的作用是一方面保证水流或行人的通过，另一方面也直接承受荷载压力和填土压力，并将其传递给地基。洞身通常由承重结构（如拱圈、盖板等）、涵台、基础以及防水层、伸缩缝等部分组成，为了便于排水，涵洞涵身还应有适当的纵坡，其最小坡度为 0.3%。

②洞口建筑工程。洞口是洞身、路基、河道三者的连接构造物。洞口分入口和水口，无论采用任何形式的洞口，河床都必须铺砌。

（3）涵洞的类型

①按照构造形式，涵洞可分为圆管涵、拱涵、盖板涵、箱涵。

圆管涵由管身及基础、接缝及防水层组成。管身是过水孔道的主体，洞口是洞身、路基和水流三者的连接部位，主要有八字墙和一字墙两种洞口型式。

拱涵是指洞身顶部呈拱形的涵洞，主要由拱圈、护拱、涵台、基础、铺底、沉降缝及排水设施组成，适宜于跨越深沟或高路堤。拱涵承载能力大，砌筑技术容易掌握，但自重引起的恒载也较大，施工工序繁多。

盖板涵主要由盖板、涵台及基础等部分组成，它构造简单，易于维修，有利于在低路堤上修建，还可以做成明涵。跨径较小时可用石盖板，跨径较大时可用钢筋混凝土盖板。

箱涵不是盖板明渠，箱涵的盖板及涵身、基础是用钢筋砼浇筑起来的一个整体，可用来排水、过人及车辆通过。箱涵适用于软土地基,但用钢良较多,造价高,施工较困难。

②按照填土情况不同分类,涵洞可以分为明涵和暗涵。

明涵洞顶无填土,适用于低路堤及浅沟渠处;

暗涵洞顶有填土,且最小的填土厚度应大于 50 cm,适用于高路堤及深沟渠处。

③按建筑材料分类,涵洞可分为砖涵、石涵、混凝土涵及钢筋混凝土涵等。

3)桥涵工程特点

(1)桥涵工程类型多

如上所述桥梁、涵洞类型很多,随着科技的进步,机械化程度的提高,将不断设计出新的桥梁、涵洞,不同类型的桥梁、涵洞,施工方法各不相同。

(2)施工技术复杂

桥涵施工技术一方面是由桥涵类型、结构决定的,另一方面由于桥涵工程在野外施工,受地形、地质、水文、气候的制约,使得施工技术复杂,难度大,特别是深水桥基础的施工,常会遇到不良地质,给施工带来很大困难。现在,架梁采用悬拼、悬浇、顶推等方法,施工技术比较复杂。

(3)施工人员和机械集中,工作面狭小

桥涵工程特别是大桥、特大桥、高桥和大型涵洞,从基础开始到工程完工,需要各种各类工程技术人员参与施工,专业多、工种多、工序多,而且相互交叉,立体作业。因施工场地受限于峡谷、水流以及高空作业等条件,在狭小的施工场地上要聚集相当数量的劳力、建材和机具,更需要精心组织和合理配置。

(4)桥涵工程比重大

一条铁路、公路建设中,桥涵工程占有相当比重,特别是穿越地形复杂的山区地段和河流交错的南方工程更加突出。例如,承担晋煤外运任务的大秦复线电气化铁路的阳原至张家湾段,平均每千米正线架桥 195.5 延长米、涵洞 60.5 横延米。成昆铁路全长 1 085 km,架桥 653 座,平均每 1.7 km 一座桥梁。

3. 隧道工程

1)隧道

隧道是指永久保持地下空间作为交通孔道的工程建筑物。铁路、公路隧道是线路跨越山岭时,为避免开挖很深的路堑或修建很长的迂回线,而修建的穿越山岭的建筑物,一般也称为山岭隧道,如图 1.13 所示。

图 1.13　隧道

2）隧道工程内容

隧道工程主要包括主体建筑物和附属建筑物等建设工程。

（1）主体建筑物

隧道的主体建筑物包括洞身衬砌和洞门。洞身是隧道结构的主体部分，是列车通行的通道，其净空应符合国家规定的铁路隧道建筑限界的要求。其长度由两端洞门的位置来决定。衬砌是隧道结构的主体部分，是用来加固隧道洞身，防止洞身周围地层发生风化剥落或坍塌的结构物。洞门位于隧道出入口处，用来保护洞口土体和边坡稳定，排除仰坡流下的水。它由端墙、翼墙及端墙背部的排水系统所组成。

（2）附属建筑物工程

隧道的附属建筑物是为了养护维修工作的需要以及供电、通信等方面的要求而修建的，包括：为工作人员、行人及运料小车避让列车、汽车而修建的避人洞和避车洞，为防止和排除隧道漏水或结冰而设置的排水沟和盲沟，为机车排出有害气体的通风设备，电气化铁道的接触网、电缆槽等。

3）隧道工程特点

（1）隐蔽性大

整个工程是埋设于地下的，隧道工程竣工后，我们只能看到外观的面貌，而其内部及结构物背后的状态是隐蔽的。

（2）作业循环性强

隧道是纵长的，施工是严格地按照一定的顺序循环作业的。如开挖就是按照"钻孔——装药——爆破——通风——出砟"的循环，一步一步地循环开挖，直到最后隧道贯通。这种循环性是隧道施工最具特色的一点。也是组织隧道施工的基本原则。

（3）作业空间有限

隧道是一个狭长的建筑物，一般有进口、出口两个工作面，隧道的施工速度比较慢，工期也较长。需要开挖竖井、斜井、横洞等辅助工程来增加作业面，加快施工速度。

（4）作业环境差

隧道施工的作业环境比较差，黑暗、潮湿、粉尘多，在恶劣的地质条件下，还有安全的问题。因此，如何创造一个安全、舒适和工厂化的作业环境，就成为地下施工技术要解决的重要课题。

（5）作业风险性大

风险性与隐蔽性是关联的，施工人员必须经常关注隧道施工的风险性。特别是在不良地质条件下，更要有风险意识和应变意识，应该对掘进工作面顶板岩石的稳定性及时进行安全评价。

4. 其他工程

铁路、公路工程除路基工程、桥涵工程、隧道工程有相同或相似的施工要求和特点外，其他工程都差别较大，分别介绍如下。

1）轨道工程

（1）轨道：轨道位于铁路路基上，承受车轮传来的荷载，传给路基，并引导机车车辆按一定方向运行。通常在路基和桥隧建筑物修成之后，就可以在上面铺设轨道。

（2）轨道工程主要内容：包括钢轨、轨枕、联结零件、道床、防爬设备和道岔等铺设工程。

①钢轨

钢轨是铁路轨道的重要组成部件，它的作用是引导机车车辆车轮的运行方向，承受车轮的巨大压力并传递到轨枕上。钢轨必须为车轮提供连续、平顺和阻力最小的滚动表面，在电气化铁道或自动闭塞区段，钢轨还可兼做轨道电路。

钢轨的类型以每米长度的大致质量(kg/m)表示。目前,我国铁路的钢轨类型主要有:75 kg/m、60 kg/m、50 kg/m 及 43 kg/m。

②联结零件

联结零件分中间联结零件和接头联结零件两种。

中间联结零件是钢轨与轨枕的扣件,包括普通道钉、螺纹道钉、刚性或弹性扣铁、垫板、垫层等。中间联结零件具有足够的强度和耐久性,并具有一定的弹性,能保持钢轨和轨枕的可靠联接和相对固定的位置,并能减缓线路残余变形积累速度。中间联结零件本身应构造简单,以便于装配、卸除和调整轨道的轨距及水平等。

接头联结零件是联结两根钢轨的零件,其作用是保持轨线的连续性,传递并承受弯矩和横向水平力,主要由夹板、螺栓和弹簧垫圈组成。每个夹板上有 6 个螺栓孔,螺栓用以联结夹板和钢轨,螺栓拧紧后,可把两个轨端夹紧,使接头处钢轨能承受车轮的作用力。弹簧垫圈是用于增加螺栓帽和螺栓螺纹间的压力,防止螺栓帽因列车通过时引起的振动而松退的零件。

③轨枕

轨枕的主要功用是承受来自钢轨的各种作用力,并将其均匀地分布于道床,同时用以保持钢轨轨距和方向,这种轨道部件称为轨枕。轨枕按材质分为木枕、混凝土枕和钢枕;按照用途分为普通轨枕和特种轨枕(包括宽轨枕、桥枕和岔枕等);按照构造和铺设方法分为横向轨枕、纵向轨枕、短轨枕和框架式轨枕。

④道床

道床是用碎石、卵石或砂等道砟材料组成的轨道基础,用以将轨枕的荷载均匀地传布到路基上,以及防止轨枕的纵向和横向移动;同时,为轨道提供良好的排水、通风条件,以保持轨道干燥,使轨道具有足够的弹性。道床的厚度和宽度是根据铁路等级确定的,中国铁路规定道床厚度为 25~50 cm。

⑤道岔

在铁路线路中,使机车车辆由一条线路进入或越过另一条线路的连接或交叉设备叫做道岔道岔是实现列车转线的重要设备。

⑥防爬设备

列车车轮滚动和纵向滑动,以及列车制动等产生的纵向力,能使整个轨道或钢轨纵向移动。为了防止轨道或钢轨的纵向移动,除了利用扣件能产生纵向阻力外,还需装设防爬器,以增加扣件的纵向阻力。

2)铁道信号工程

(1)铁道信号

铁道信号是一种控制列车运行间隔保证列车运行的一种技术手段。

铁路信号按其作用可分为指挥列车运行的行车信号和指挥调车作业的调车信号;按信号设置的处所可分为车站信号、区间信号,以及行车指挥和列车运行自动化等;按信号显示制式可分为选路制信号和速差制信号;按结构可分为臂板信号、色灯信号以及机车信号机。铁路信号装备是组织指挥列车运行,保证行车安全,提高运输效率,传递行车信息,改善行车人员劳动条件的关键设备。

(2)铁道信号工程内容

铁道信号工程主要包括信号机、信号标志、信号表示器的安装工程。

①信号机

信号机其原始形式是手灯、手旗、明火、声笛等,现代信号机主要有进、出站信号机,通过信号机,进路信号机,驼峰信号机,驼峰辅助信号机,接近信号机,遮断信号机,调车信号机,防护信号机,减速信号机和停车信号机等,以及其他复示信号机等辅助性信号机。

②信号标志

信号标志主要有预告标、站界标、警冲标、鸣笛标、作业标、减速地点标及机车停止位置标等。

③信号表示器

信号表示器其作用是补充说明信号的意义,主要有发车表示器、发车线路表示器、进路表示器、调车表示器、道岔表示器等。

(3)信号设备

铁路信号设备,包括继电器、信号机、轨道电路、转辙机等构成铁路信号系统的基础,它们的质量和可靠性直接影响信号系统的性能。传统的信号控制系统由继电器、信号机、轨道电路、转辙机及一些连接电缆箱合组成,我国自主研发的 6502 电气集中联锁是传统信号系统最为典型的。

3)公路路面工程

(1)公路路面

路面是指用各种筑路材料铺筑在公路路基上供车辆行驶的构造物,是道路工程的一个重要组成部分。路面不但要承受车轮荷载的作用,而且要受到自然环境因素的影响。

(2)公路路面工程内容

公路路面工程主要包括基层、垫层、面层等建设工程。

①面层工程。面层是路面结构中最上面的一个层次,直接暴露在大气环境中它既受到来自于行车荷载的垂直力、水平力和冲击力的复杂作用,又要受到外界环境,比如温度和湿度的影响。因此,面层应具有较高的强度和耐久性。

a. 沥青路面施工。沥青路面是指在柔性基层、半刚性基层上铺筑的一定厚度的沥青混合料面层的路面。

沥青路面目前国内外最广泛采用的路面面层结构,具有平整、无接缝、行车舒适、耐磨、噪声低、施工期短、养护维修简便、且适宜于分期修建等优。在我国,高等级公路路面面层的最常见类型是沥青混凝土和沥青碎石。

b. 水泥混凝土路面施工。水泥混凝土路面,包括素混凝土、钢筋混凝土、连续配筋混凝土、预应力混凝土、装配式混凝土、钢纤维混凝土、碾压混凝土和混凝土小块铺砌等面层板和基(垫)层所组成的路面。水泥混凝土路面具有强度高、水稳定性好、耐久性好、养护费用少、经济效益高、夜间能见度好等优点,近年来在高等级、重交通的道路上有较大的发展。目前采用最广泛的是就地浇筑的素混凝土路面,简称混凝土路面。

②垫层工程。垫层是路面结构的重要组成部分,起着连接路基和路面、隔水及传递路面荷载的作用。路面垫层通常使用的材料为无机结合料的级配碎(砾)石等。对路面垫层的质量,在设计规范中要求含泥量小于 5%。一般在具体施工中,参照级配碎(砾)石底基层来执行。但是,这种垫层对材料及施工的要求与级配碎(砾)石底基层并不完全相同,因为它只是满足规范中对级配碎(砾)石底基层的要求,并不能满足垫层的质量要求。

③基层工程。路面基层可分为无机结合料稳定类和粒料类。

无机结合料稳定类基层(底基层)料主要是水泥和石灰,在前期具有柔性路面的力学特性,当环境适宜时,其强度和刚度会随着时间的推移而不断增大,但其最终抗弯拉强度和弹性模量,还是远较刚性基层为低,因此把这类基层称为半刚性基层。在我国半刚性材料已广泛用于修建高等级公路路面基层或底基层。半刚性基层材料的显著特点是:整体性强、承载力高、刚度大、水稳性好而且较经济。

目前广泛应用的粒料类基层有级配碎石、级配砾石、填隙碎石三种。

典型工作任务 1.5　工程项目管理简介

1.5.1　工作任务

通过学习,使学生了解工程项目管理的内容,对施工企业工程项目承包及项目管理有初步的认识,使学生在日后工作之初能迅速适应施工现场的管理和工作。

1.5.2　相关配套知识

1. 建设工程项目管理

建设工程项目管理,是指从事工程项目管理的企业(以下简称项目管理企业),受工程项目业主方委托,运用系统的理论和方法,对建设工程项目进行的计划、组织、指挥、协调和控制等专业化活动。

项目管理产生于第二次世界大战期间,它作为一门学科和一种特定的管理方法最早起源于美国。早期美国将项目管理应用于大型军事项目、航天工程与开发工业等项目上。20 世纪50 年代,随着大型和特大型项目越来越多,需要高水平的管理手段和方法项目管理得到了迅猛发展。60 年代,项目管理思想引入欧洲,开始广泛的理论研究和实践探索。1987 年,利用世界银行贷款项目鲁布革水电站(云贵交界)在中国国内第一次采用了国际招标,中标的日本建筑企业由于运用了项目管理方法,从而缩短了工期,降低了造价,工程质量优良,取得了明显的经济效益。1991 年建设部在全行业全面推广项目管理。2000 年 1 月 1 日开始,我国正式实施全国人大通过的《中华人民共和国招标投标法》。

1)企业资质

项目管理企业应当具有工程勘察、设计、施工、监理、造价咨询、招标代理等一项或多项资质。

工程勘察、设计、施工、监理、造价咨询、招标代理等企业可以在本企业资质以外申请其他资质。企业申请资质时,其原有工程业绩、技术人员、管理人员、注册资金和办公场所等资质条件可合并考核。

2)执业资格

从事工程项目管理的专业技术人员,应当具有城市规划师、建筑师、工程师、建造师、监理工程师、造价工程师等一项或者多项执业资格。

取得城市规划师、建筑师、工程师、建造师、监理工程师、造价工程师等执业资格的专业技术人员,可在工程勘察、设计、施工、监理、造价咨询、招标代理等任何一家企业申请注册并执业。

取得上述多项执业资格的专业技术人员,可以在同一企业分别注册并执业。

3)服务范围

项目管理企业应当改善组织结构,建立项目管理体系,充实项目管理专业人员,按照现行有关企业资质管理规定,在其资质等级许可的范围内开展工程项目管理业务。

4）服务内容

（1）协助业主方进行项目前期策划，经济分析、专项评估与投资确定。

（2）协助业主方办理土地征用、规划许可等有关手续。

（3）协助业主方提出工程设计要求、组织评审工程设计方案、组织工程勘察设计招标、签订勘察设计合同并监督实施，组织设计单位进行工程设计优化、技术经济方案比选并进行投资控制。

（4）协助业主方组织工程监理、施工、设备材料采购招标。

（5）协助业主方与工程项目总承包企业或施工企业及建筑材料、设备、构配件供应等企业签订合同并监督实施。

（6）协助业主方提出工程实施用款计划，进行工程竣工结算和工程决算，处理工程索赔，组织竣工验收，向业主方移交竣工档案资料。

（7）生产试运行及工程保修期管理，组织项目后评估。

（8）项目管理合同约定的其他工作。

5）委托方式

工程项目业主方可以通过招标或委托等方式选择项目管理企业，并与选定的项目管理企业以书面形式签订委托项目管理合同。合同中应当明确履约期限，工作范围，双方的权利、义务和责任，项目管理酬金及支付方式，合同争议的解决办法等。

工程勘察、设计、监理等企业同时承担同一工程项目管理和其资质范围内的工程勘察、设计、监理业务时，依法应当招标投标的应当通过招标投标方式确定。

施工企业不得在同一工程从事项目管理和工程承包业务。

6）管理机构

项目管理企业应当根据委托项目管理合同约定，选派具有相应执业资格的专业人员担任项目经理，组建项目管理机构，建立与管理业务相适应的管理体系，配备满足工程项目管理需要的专业技术管理人员，制定各专业项目管理人员的岗位职责，履行委托项目管理合同。

工程项目管理实行项目经理责任制。项目经理不得同时在两个及以上工程项目中从事项目管理工作。

7）联合投标

两个及以上项目管理企业可以组成联合体以一个投标人身份共同投标。联合体中标的，联合体各方应当共同与业主方签定委托项目管理合同，对委托项目管理合同的履行承担连带责任。联合体各方应签订联合体协议，明确各方权利、义务和责任，并确定一方作为联合体的主要责任方，项目经理由主要责任方选派。

8）合作管理

项目管理企业经业主方同意，可以与其他项目管理企业合作，并与合作方签定合作协议，明确各方权利、义务和责任。合作各方对委托项目管理合同的履行承担连带责任。

9）服务收费

工程项目管理服务收费应当根据受委托工程项目规模、范围、内容、深度和复杂程度等，由业主方与项目管理企业在委托项目管理合同中约定。

工程项目管理服务收费应在工程概算中列支。

10）执业原则

在履行委托项目管理合同时，项目管理企业及其人员应当遵守国家现行的法律法规、工程建设程序,执行工程建设强制性标准,遵守职业道德,公平、科学、诚信地开展项目管理工作。

11)奖励

业主方应当对项目管理企业提出并落实的合理化建议按照相应节省投资额的一定比例给予奖励。奖励比例由业主方与项目管理企业在合同中约定。

12)禁止行为

①项目管理企业不得有下列行为:

a. 与受委托工程项目的施工以及建筑材料、构配件和设备供应企业有隶属关系或者其他利害关系。

b. 在受委托工程项目中同时承担工程施工业务。

c. 将其承接的业务全部转让给他人,或者将其承接的业务肢解以后分别转让给他人。

d. 以任何形式允许其他单位和个人以本企业名义承接工程项目管理业务。

e. 与有关单位串通,损害业主方利益,降低工程质量。

②项目管理人员不得有下列行为:

a. 取得一项或多项执业资格的专业技术人员,不得同时在两个及以上企业注册并执业。

b. 收受贿赂、索取回扣或者其他好处。

c. 明示或者暗示有关单位违反法律法规或工程建设强制性标准,降低工程质量。

13)监督管理

国务院有关专业部门、省级政府建设行政主管部门应当加强对项目管理企业及其人员市场行为的监督管理,建立项目管理企业及其人员的信用评价体系,对违法违规等不良行为进行处罚。

14)行业指导

各行业协会应当积极开展工程项目管理业务培训,培养工程项目管理专业人才,制定工程项目管理标准、行为规则,指导和规范建设工程项目管理活动,加强行业自律,推动建设工程项目管理业务健康发展。

2. 施工企业工程项目承包

施工企业项目承包是施工企业依照工程项目招标承包制度的要求,围绕工程承包合同任务的全面实施而采用的企业内部的一种管理模式。

1)项目承包基本常识

(1)项目承包主体:项目承包主体是施工企业和项目经理部,他们的代表分别是企业决策层和项目经理。

(2)项目承包对象:项目承包对象是工程项目。

(3)项目承包内容:项目承包内容是针对工程项目达成的企业和项目经理部双向统一的责、权、利关系。

(4)项目承包承诺形式:项目承包承诺形式是企业经理与项目经理签订的项目经济责任承包书。承诺形式的约束力是企业规章制度。

(5)项目承包特点:

①项目承包是施工企业作为经营者与下属管理单位之间的经济责任关系。

②项目是企业下属的管理单位,它不是经营主体,没有自身独立的利益,只是相对独立的临时利益集体,在管理上从属企业。

③项目承包只承担有关的项目管理责任,不承担非授权范围的管理责任。

（6）项目承包程序：

①委任项目经理

项目经理作为企业在工程项目上的代理人，一般是在工程承包合同签订后立即确定的。

②组建项目经理部

除项目经理外，项目经理部还要配备副经理、总工或技术负责人、党组织负责人、工会组织负责人，这些人员构成了项目领导层。其人选一般由企业与项目经理商定。另外还要明确项目专业人员及负责人，从而构成完整的项目管理层。

③测定项目承包基数或上交比例

企业和项目经理部的职责与权力，承包的其他指标和奖罚措施，编制"项目承包责任书"，由项目经理与企业经理签订。

④企业履行对项目职责与义务。

⑤企业对项目经理部实施监督、管理与考核。

⑥企业在工程竣工后对项目经理部经过审计，进行承包兑现的奖励或处罚。

⑦解散项目经理部，回收物资和财产。

2）项目经理部

项目经理部是由项目经理在企业的支持下组建并领导的进行项目管理的组织机构。项目经理部由项目经理领导，接受企业职能部门的指导、监督、检查、服务和考核，并负责对项目资源进行合理使用和动态管理。

项目经理部是施工项目管理的核心，其职能是对施工项目从开工到竣工实行全过程的综合管理。项目经理部的机构设置和人员配备必须根据项目任务的具体情况而定，一般应包括以下几个部门，如图1.14所示。不同规模的施工项目，上述各部门的具体划分和人员配备差别较大。大型施工项目经理部可能百余人，小型项目经理部可能只有几十人或十几人，甚至上述几个部门可能合并为一个部门。

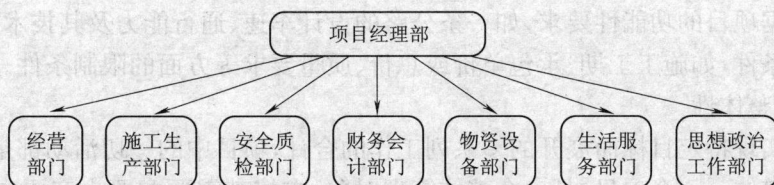

图 1.14 项目经理部机构设置

项目经理部的作用：

（1）负责施工项目从开始到竣工全过程施工生产经营的管理，是企业在某一工程项目上的管理层，同时对作业层担负着管理与服务的职能。

（2）为项目经理决策提供信息已经，当好参谋，同时又要执行项目经理的决策意图，向项目经理全面负责。

（3）应完成企业所赋予的基本任务—项目管理任务。

（4）项目经理部是代表企业履行工程承包合同的主体，对项目产品和建设单位全面、全过程负责。

3）项目经理职责

（1）贯彻执行国家和工程所在地政府的有关法律、法规和政策、执行企业的各项管理制度。

(2)严格财经制度,加强财经管理,正确处理国家、企业和个人的利益关系。

(3)签订和组织履行项目管理目标责任书,执行企业和业主签订的项目承包合同中由项目经理负责履行的各项条款。

(4)对工程项目施工进行有效控制,执行有关技术规范和标准,积极推广应用新技术,确保工程质量和工期,实现安全、文明生产,努力提高经济效益。

(5)组织编制工程项目施工组织计划设计,并组织实施。

(6)根据公司年(季)度施工生产计划,组织编制季(月)度施工计划,并严格履行。

(7)科学组织和管理进入项目工地的人、财、物资源,协调和处理与相关单位之间的关系。

(8)组织制定项目经理部各类管理人员的职责权限和各项规章制度,定期向公司经理报告工作。

(9)做好工程竣工结算、资料整理归档,接受企业审计并做好项目经理部的解体与善后工作。

总之,项目经理是项目控制的中心、项目计划的制定和执行监督人、项目组织的指挥员、项目协调工作的纽带、合同履约的负责人。

3. 项目管理

1)项目

项目是管理的对象,是在一定的约束条件下(主要是限定资源、时间和质量)完成的,具有明确目标的一次性任务。项目具有如下特征:

(1)项目的一次性

项目的一次性也可称为单件性,这是项目的最主要特征。一次性并不代表项目的目标在短时间内就可以实现,很多项目要经历若干年才能完成,只有认识项目的一次性,才能有针对性地根据项目的特殊情况和要求进行管理。

(2)目标的明确性

项目是为实现特定组织的预期目标服务的。项目的目标有成果性目标和约束性目标。成果性目标是根据项目的功能性要求,如一条公路的设计车速、通行能力及其技术指标。约束性目标是指限制条件,如施工工期、承包单价或总价、质量要求等方面的限制条件。

(3)项目的整体性

项目是为实现特定目标而展开的一系列工作的合计,项目中的一切活动都是相互联系的,它们构成一个整体。一个项目,是一个整体管理对象,在按其需要配置生产要素时,必须以总体效益的提高为标准,做到数量、质量、结构的总体优化。由于内外环境是变化的,所以管理和生产要素的配置是动态的。

每个项目都必须具备以上 3 个特征,缺一不可。重复的、大批量的生产活动及其成果不能称作"项目"。按照项目的最终成果分,项目的种类有科研开发项目、基本建设项目、航天项目及大型维修项目等。

(4)项目的周期性

项目的一次性决定了每个项目都会经历启动、规划、实施、结束的过程,即每个项目都有其生命周期。

2)项目管理

项目管理是为使项目取得成功(实现所要求的质量、所规定的时限和费用)所进行的全过程、全方位的规划、组织、控制与协调。因此,项目管理的对象是项目。项目管理的职能同所有管理的职能是相同的。需要特别指出的是，由于项目的一次性，项目只能成功，不许失败，要求项目管理的程序性、全面性和科学性，要运用系统工程的观念、理论和方法进行管理。管理学的一般原理在项目管理中也是适用的，项目管理的目标就是项目的目标。

项目管理是以项目为对象的系统管理方法，通过一个临时性的专门的组织，对项目进行高效率的计划、组织、指导和控制，以实现项目全过程的动态管理和项目目标的综合协调与优化。

项目管理的特征是：

(1)项目管理具有创新性。项目的一次性特点，决定了每实施一个项目都要有创新性。

(2)项目管理是一项复杂的工作，具有较强的不确定性。项目一般是有多个部分组成的，工作跨越多个组织、多个学科、多个行业，可供参考的经验很少甚至没有，不确定因素很多，而项目管理要在各种约束条件下实现项目目标，这些条件决定了项目管理的复杂性。

(3)项目管理需要专门的组织和团队。项目管理通常需要跨越部门的界限，在工作中将会遇到许多不同部门的人员，因此需要建立一个不受现存组织约束的项目组织，组建一个由不同部门专业人员组成的项目团队。

(4)项目经理是项目管理的核心。项目经理要在有限的资源和时间约束下，运用系统的观点、科学合理的方法对项目相关的所有工作进行有效的管理，因此项目管理实行的是项目经理个人全面负责制。

3)项目管理的基本职能

项目管理的基本职能，如图 1.15 所示。

各职能的作用说明如下：

(1)计划职能

计划是对未来活动的一种事前安排。它包括确定未来活动的目标和方向；行动的程序和工作步骤；有效的执行方法；完成的时间；人、财、物、资源的合理分配和组织

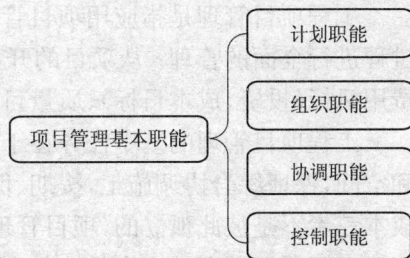

图 1.15　项目管理基本职能

等。计划的要求在于把握未来的发展，有效地利用现有资源，以获得最大的经济效益。

计划职能就是把项目活动全过程、全目标都列入计划，通过统一的、动态的计划系统来组织、协调和控制整个项目，使项目协调达到预期目标。

(2)组织职能

组织是把生产的各要素、各个环节和各个方面，从劳动分工和协作上，从生产过程的空间和时间的相互联结上，科学地组织成一个有机的整体，从而最大限度地发挥它们的作用。组织职能所要解决的问题主要包括：确定科学的管理组织，建立合理的生产结构，正确配备人员以及规定他们之间的相互关系，使组织机构得以协调运转。建立一个高效率的项目管理体系和组织保证系统，通过合理的职责划分、授权，动用各种规章制度以及合同的签订与实施，确保项目目标的实现。

(3)协调职能

项目的协调管理，即是在项目存在的各种结合部或界线之间，对所有的活动及力量进行联结、联合、调和，以实现系统目标的活动。项目经理在协调各种关系特别是主要的人际关系中，处于核心地位。

(4)控制职能

项目的控制就是在项目实施的过程中，运用有效的方法和手段，不断分析、决策、反馈，不断调整实际值与计划值之间的偏差，以确保项目总目标的实现。项目控制往往通过目标的分

解、阶段性目标的制定和检验、各种指标定额的知性,以及实施中的反馈与决策来实现的。控制分事前控制与事后控制。

上述计划——组织——控制职能是有序地循环的。它们环环相扣、无限循环(至少在项目实施过程中循环),促使管理工作向更高水平发展。这种循环,也反映了管理工作的运动状态和管理工作的规律。按照这一规律执行,管理工作不是愈做愈死,而是愈做愈活。因此,项目实施中的一切管理工作都应遵循这一规律,建立正常的管理秩序和完善的管理工作体系。

(5)激励职能作用

激励就是要在政治思想教育的前提下,做好职工的精神激励和物质激励,以充分发挥职工的积极性和创造性。

4. 工程项目管理

工程项目是最普遍、最典型、最为重要的项目类型,它是一种既有投资行为又有建设行为的项目决策与实施活动,是工程建设的产成品。工程项目具有特定的对象,它以形成固定资产为目的,由建筑、工器具、设备购置、安装、技术改造活动以及与此相联系的其他工作构成。它是以实物形态表示的具体项目,如修建一条铁路、一座电站、铺设输油管道等。

工程项目可能是一个独立的单体工程,也可能是作为一个系统的群体工程。

工程项目管理是指应用项目管理的理论、观点、方法,对工程建设项目的决策和实施的全过程进行全面的管理。从项目的开始到项目的完成,通过项目策划和项目控制以达到项目的费用目标(投资、成本目标)、质量目标和进度目标。

工程项目管理的基本任务在于:合理组织项目的施工过程,充分利用人力,有效使用时间和空间,保证综合协调施工,按期、保质并以较低的工程成本完成工程任务。然而质量、工期、成本三者不是彼此孤立的,项目管理的基本任务在于求得三大目标的和谐统一。

工程项目管理的内容是四控制(进度控制、质量控制、费用控制、职业健康安全与环境控制)、两管理(合同管理、信息管理)、一协调(组织协调)。

工程项目施工管理的工作内容主要包括以下几个方面。

1)施工准备阶段

施工准备阶段是指各工程对象正式施工活动开始前的准备工作,是项目施工生产的首要环节,其基本任务是为工程的正式展开和顺利施工创造必要的条件。

2)施工阶段

施工阶段管理工作的主要内容包括按计划组织综合施工和对施工过程进行全面控制。

(1)按计划组织综合施工

所谓综合施工,就是按不同工种,配合不同机械设备,使用不同材料的工人班子,在不同的地点和工程部位按照预定的顺序和时间协调的从事施工作业。

施工的综合性,要求施工过程组织具有严密性。而施工组织的严密性,则要靠周密的计划来保证。必须做到以下几点:

①提高计划的科学性,为此要求:计划顺序符合施工工艺要求;计划采用的定额水平合理,即反映企业整体水平(平均先进水平)的定额;对计划要进行综合平衡。

②实现整个项目、单位工程和作业班组经营承包责任制。要求项目经理、单位工程负责人有较强的组织能力和协调能力,从而可以弥补计划和管理上的不足。

③保证现场需要,做好后勤供应。企业的后勤部门要为工程项目施工服务,并按计划规定的时间和数量供应所需的材料、设备、技术资料。

（2）施工过程中的全面控制

①工程进度控制。其目的在于按合理工期组织施工，保证按合同规定的工期交工。工程进度控制，就是要经常掌握工程的进展情况，及早发现计划与实际脱节现象，并采取相应改进措施。

②工程质量控制。施工过程的质量控制，从工作深度上讲，要把单纯事后检验的质量管理方式，转变为既检验又预防的管理方式，进而转变为控制与提高的全面质量管理方式，从广义上讲，也就是对工程产品质量形成的全过程进行质量控制。

③工程成本管理。工程成本控制包括事前控制、事中控制和计量工作三个方面。事前控制就是要做到"算了再干"，主要工作有成本预测和成本计划的编制；事中控制包括：注意施工各阶段的节约，并采取一定的技术措施降低工程成本。

④安全控制。建立安全教育制度；制定安全技术措施；制定安全操作规程；安全保护设施的设计与设置；施工过程中的安全检查和安全监督；安全事故的处理和分析；建立安全值班制等。

⑤施工总平面图管理（总图管理）。

3）工程竣工验收

①竣工验收准备

竣工验收准备有竣工测量、竣工文件和初验报告。

初验报告内容：初验工作的组织情况；工程概况及竣工工程数量；单项工程检查情况和工程质量情况；检查中发现的重大质量问题及处理意见；遗留问题的处理意见和提交竣工验收时讨论的问题。

②竣工验收工作。

③技术总结。

④建立技术档案。

项目小结

本项目着重介绍了铁路及公路工程施工组织的任务，铁路及公路建设工程建设程序、建设内容、施工程序、建设内容、建设资金的构成，铁路及公路施工组织调查，工程项目管理等内容。

通过本项目学习，结合施工企业中职层面毕业生的岗位设置和职业标准，使学生了解铁路及公路建设的内容、施工组织调查，重点掌握铁路及公路建设程序、建设资金的构成、施工程序和施工企业工程项目承包。

项目拓展

生态化的施工组织设计——青藏铁路

青藏铁路建设中，环保投资达15.4亿元，占工程总投资的4.6%，大大高出目前国家规定的大型工程环保投入应达到3%的标准。

青藏铁路从立项开始，就对沿线自然保护区、生物多样性和多年冻土环境状况进行了8次大规模现场调研、踏勘和采样。用获得的试验成果指导青藏铁路建设的环保设计和施工，在攻克"生态脆弱"难题中起到了重要作用。

青藏铁路的设计线路，充分考虑了环境保护、野生动物迁徙等因素。设计中对穿过可可西里等自然保护区的线路区段进行了多方案比选，采用了对保护区扰动最小、对自然景观影响最小的线位；在西藏自治区境内，避开了神湖纳木错湖及其保护区；为保护林周彭波黑颈鹤自然保护区,选择了绕避黑颈鹤栖息地林周改经由羊八井通过,延长线路 30 km,为此增加投资 3 个亿。在野生动物活动地段设置通道 33 处,其中缓坡通道 13 处,桥梁通道 18 处,隧道上方通道 2 处,以保障沿线野生动物迁徙活动不受影响。进入到具体施工过程后,根据实际需要,进一步强化和扩大了这种力度。如,为稳定冻土层和便于野生动物的穿行,在原设计量的基础上,新增修了大量的桥梁和隧道。2003 年 8 月,国家青藏铁路建设领导小组对青藏铁路设计方案进行了部分调整,并将以桥代路工程从原设计的 70 多 km 增加到 150 多 km,增加以桥代路的目的之一,是为了保证野生动物迁徙路线不受影响。

[保护"天湖"]海拔 4 650 m 的错那湖,地处西藏安多色林错自然保护区,是当地藏族群众心中的"天湖"。青藏铁路与它贴身而过,最近处只有几十米。最初进行环保论证时,专家担心这可能对错那湖的环境产生影响,提出线路设计应该离得远一些。但后来的调查发现,这个地区除了错那湖周边是平原外,都是丘陵地段,如果改线避让,需要打很长的隧道,比昆仑山和羊八井的隧道还要长得多,在劳动保障、技术、设备方面难以实现。

改线不行,施工时就要采取更严格的保护措施。为防止施工污染湖水,青藏铁路建设者们用 24 万多条装满沙石的沙袋沿错那湖一侧堆码起一条长近 20 km 的防护"长城",把"天湖"与热火朝天的施工工地隔开。

为了保护生态,建设单位在湖边施工的工地全用铁网围了起来,封闭施工,爆破区周围用彩条布覆盖,防止灰尘落入草皮。在靠近错那湖的营区,投资 70 万元,安装了污水处理设备。在施工便道每隔 1.5 km 设置一个垃圾箱,定期清走。

[动物通道]为了不影响野生动物种群的栖息和繁殖,青藏铁路在设计时尽可能避开保护区,在施工中减少噪音,避免惊扰野生动物,在沿线野生动物经常通过的地方,设置了 33 处野生动物通道。为动物建通道,这在我国铁路工程建设史上尚属首次。位于可可西里东缘的索南达杰自然保护站南面就是青藏铁路著名的清水河特大桥,这座桥动物通道从最初设计的 19 个增加到了 25 个。尽管受气候影响,每年青藏铁路的施工时间不到 6 个月,但为了保护藏羚羊,筑路人员必须牺牲有效的施工时间。换来的是成千上万只迁徙藏羚羊安全、顺利地通过了青藏铁路野生动物通道。

[移植草皮]在高原生态脆弱区域内,铁路线遵循"能避绕就避绕"的原则,施工场地、便道、沙石料场的选址都经反复踏勘确定,尽量避免破坏植被。为了恢复铁路用地上的植被,科研人员开展了高原冻土区植被恢复与再造研究,采用先进技术,使植物试种成活率达 70% 以上,比自然成活率高一倍多。在铁路修建过程中,施工人员在取土前就把表层的植被和表土铲除,铲除以后集中堆放、养护,取完后回铺,仅沿线草皮移植的花费就高达 2 亿多元,回铺的草皮达数千万平方米。

项 目 训 练

1. 铁路公路工程施工组织有哪些具体任务?
2. 简述铁路、公路的建设程序。
3. 如何筹集铁路、公路的建设资金?
4. 如何编写铁路、公路施工组织调查报告?
5. 新建一条铁路、公路,主要建设哪些项目?
6. 简述施工企业工程项目承包。

项目 2 施工过程组织原理

项目描述

施工过程即生产建筑产品的过程,是由一系列的施工活动组成的。是互相联系的劳动过程和自然过程的全部生产活动的总和。

施工过程的基本内容主要是劳动过程,在某些情况下,还包含自然过程,如混凝土硬化过程的养生、路面的成型等。此时,施工过程就是劳动过程和自然过程的结合,是互相联系的劳动过程和自然过程的全部生产活动的总和。

教学目标

知识目标

1. 掌握施工过程的组成;
2. 掌握施工过程的组织原则;
3. 掌握施工顺序的排序方法及在工程施工中的应用;
4. 掌握流水施工原理及流水施工工期的计算方法。

技能目标

1. 能够根据不同的工程特点,分析确定施工过程的组成;
2. 能够根据不同的施工过程,分析确定动作与操作、工序与操作过程;
3. 能够根据不同施工生产类型的时间组织,进行最佳的施工排序;
4. 能够根据流水施工的特点,确定流水施工工期。

素质目标

1. 具有拓展学习的能力;
2. 具有很强的团队精神和协作意识;
3. 养成吃苦耐劳,严谨求实的工作作风;
4. 具备一定的协调、组织管理能力。

典型工作任务 2.1 施工过程的组织原则

2.1.1 工作任务

通过学习使学生从细节到整体,从小到大彻底掌握施工过程的组成,对施工过程能有具体的认识,通过学习掌握施工过程的组织原则。

2.1.2 相关配套知识

1. 施工过程的划分

根据各种劳动在性质上以及对产品所起的作用上的不同特点,可以将施工过程划分为:

1)施工准备过程　是指产品在投入生产前所进行的全部生产技术准备工作,如可行性研究、勘测设计、施工准备等;

2)基本施工过程　是指直接为完成产品而进行的生产活动,如挖基、砌筑基础等;

3)辅助施工过程　是指为保证基本施工过程的正常进行所必需的各种辅助生产活动,如动力(电、压缩空气等)的生产、机械设备维修、材料加工等;

4)施工服务过程　是指为基本施工和辅助施工服务的各种服务过程,如原材料、半成品、工具、燃料的供应与运输等。施工过程的分类如图 2.1 所示。

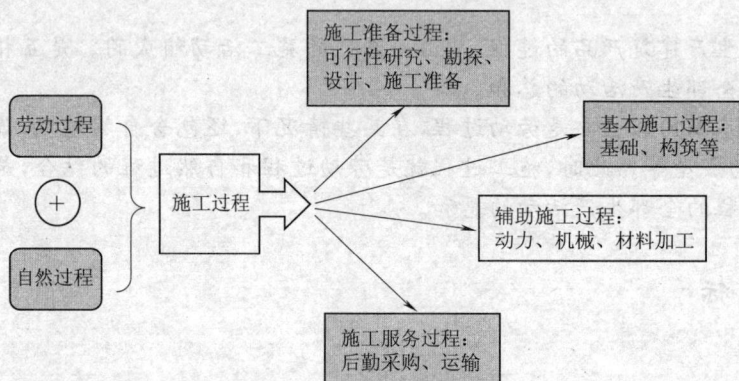

图 2.1　施工过程的分类

2. 施工过程的组成

组织建设工程的施工,必须研究施工过程的组成,以适应施工组织、计划、管理等工作的需要。

1)以公路工程为例,按照现行公路工程设计概预算文件编制办法,将公路工程划分为九个分部工程:临时工程,路基工程,路面工程,桥梁涵洞工程,交叉工程,隧道工程,公路设施与预埋管线工程,绿化及环境保护工程,管理、养护、服务、房屋。

根据上述九个分部,进行公路工程设计概预算文件编制,对应每个分项工程再细分为若干目。例如桥涵分项工程中,按工程性质与结构的不同,分为漫水工程、涵洞、小桥、中桥、大桥等五个目。对于独立大(中)桥工程,亦相应划分为桥头引道、基础、下部构造、上部构造、沿线设施、调治及其他工程和临时工程等七个分项工程,各分项工程再细分若干目。公路施工过程是由上述的项和目所组成。

2)施工组织与管理工作,按上述项目可以做总体安排。但更多情况下还要进一步划分。从施工组织的需要出发,全部施工过程原则上可依次划分为:

(1)动作与操作

动作是指工人在劳动时一次完成的最基本的活动,如"取运模板"这个操作由取模板、走到安装处、将模板放在安装位置等相关的动作组成。操作是由一些列相关联的动作组成的。完成一个动作所耗用的时间和占用的空间是制定定额的重要原始资料。

(2)工序

工序指施工技术相同、在劳动组织上不可分割的施工过程,由一系列相关联的操作组成,是施工组织考虑的基本对象。从施工工艺流程看,工序在工人编制、工作地点、施工工具和材料等方面均不发生变化。如果上述因素中某个素改变,就意味着从一道工序转入另一道工序。

如图 2.2 所示构成工序的基本要素。

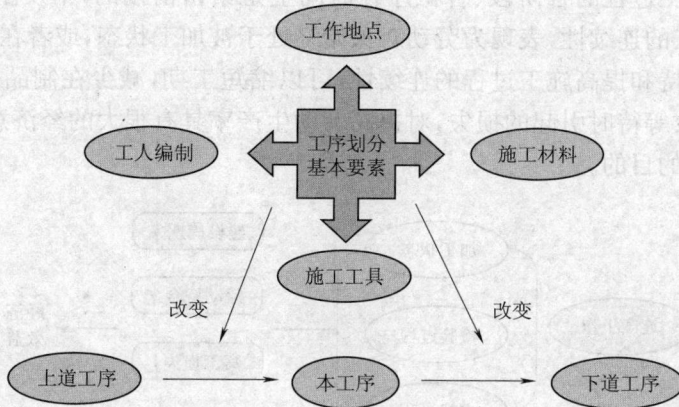

图 2.2 构成工序的基本要素

（3）操作过程

是由几个在技术上相互关联的工序所组成，可以相对独立完成的某一种细部工程，如路基、路面、桥涵等的施工。

（4）综合过程

由若干个在产品结构上相互联系的，能最终获得一种产品的操作过程的总和称之为综合过程，如一座独立的桥梁、一条隧道、一条线路工程等。综合过程与操作过程、工序、操作、动作之间的关系如图 2.3 所示。

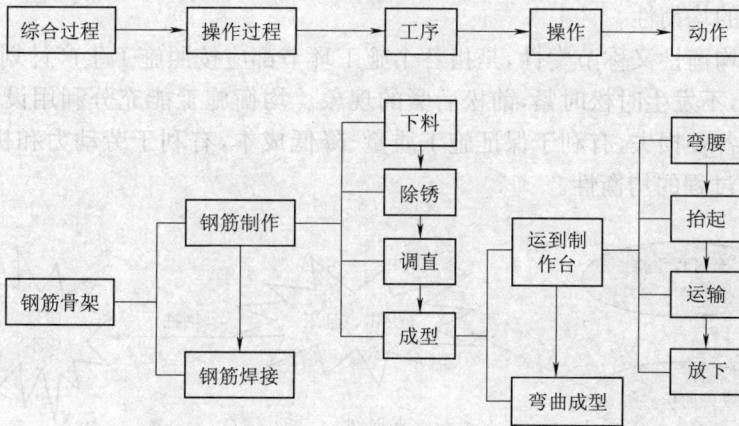

图 2.3 钢筋网架成型施工过程分解图

根据工程性质、复杂程度，上述划分并非统一标准，对于一些简单项目无需经过四个过程，但对复杂工程可能要几个综合构成。划分和研究施工过程的基本目的在于：正确划分工序，以便合理组织生产，正确编制施工作业计划，科学地制定定额等。

3. 施工过程的组织原则

施工过程受工程性质、产品结构、施工材料、半成品性质、机械设备、环境条件、自然条件等因素影响，可变性大，组织困难，科学地、合理地组织施工过程则更为重要。其原则可归纳为：

1)施工过程的连续性

连续性是指施工过程的各阶段、各工序在时间上是紧密衔接的,不发生不合理的停滞现象,保持和提高施工的连续性,表现为劳动对象始终处于被加工状态,或者在进行检验,或者处于自然过程中。保持和提高施工过程的连续性,可以缩短工期,减少在制品数量,节约流动资金,避免产品在停放等待时引起的损失,对提高劳动生产率具有很大的经济意义。如图2.4所示施工过程连续性的目的。

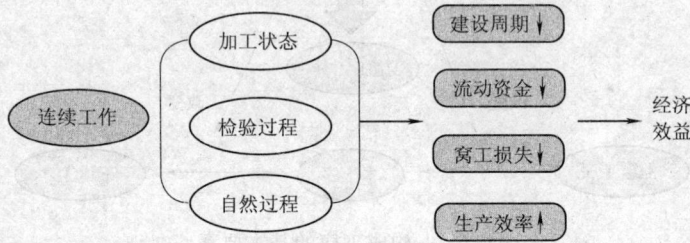

图 2.4　施工过程连续性的目的

2)施工过程的协调性

施工过程的协调性也叫比例性,它是指在施工过程中的各阶段、各工序之间,在施工能力上保持一定的比例关系,使施工中的人力、设备得到充分利用。协调性是保持施工顺利进行的前提,可使施工过程中人力和设备得到充分利用,避免产品在各个施工阶段和工序之间的停顿和等待,从而缩短施工周期。施工过程的协调性在很大程度上取决于施工组织设计的正确性。

3)施工过程的均衡性

施工过程的均衡性又称节奏性,是指各个施工环节都应按照施工生产计划的要求,工作负荷保持相对稳定,不发生时松时紧,前松后紧的现象。均衡施工能充分利用设备和工时,避免突击赶工造成的各种损失,有利于保证施工质量、降低成本,有利于劳动力和机械的调配。如图2.5所示施工过程的均衡性。

图 2.5　施工过程均衡性

4)施工过程的经济性

在满足技术要求的前提下,追求经济、实用的施工方法和手段。本原则贯穿上述的连续性、协调性和均衡性,最终都将体现为经济效益。

上述合理组织施工过程的四个方面是相互制约,互为条件的。在进行施工组织时,必须保证全面符合上述四个方面的要求,不可偏重某一方。科学、合理的组织施工要综合上述四项原则,使之有机结合,最终达到确保工期、提高质量、控制成本的目的。

典型工作任务 2.2　施工过程的时间组织

2.2.1　工作任务

通过学习使学生学会如何对施工过程中的施工工序进行简单排序,从而真正懂得施工排序的含义,学掌握工程项目施工作业的几种方式,尤其是流水作业。

2.2.2　相关配套知识

1. 施工过程组织

建筑工程项目的施工过程组织,包括空间组组和时间组织两个方面的问题。本节着重介绍时间组织问题。

空间组织:施工平面设计,如图 2.6 所示,施工过程的空间组织。

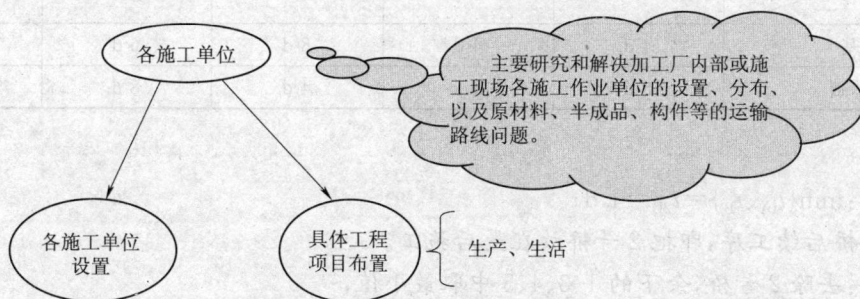

图 2.6　施工过程的空间组织

时间组织:主要解决工程项目的施工作业方式,以及施工作业单位的排序和衔接问题,如图 2.7 所示,时间组织的目的。

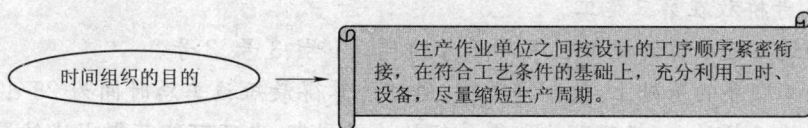

图 2.7　时间组织的目的

2. 施工过程的时间排序问题

施工任务的排序问题属于管理科学中的动态规划。本节中将以建筑施工生产类型的时间组织为例作简要介绍。

1)简单排序法

(1)m 个施工段两道工序时,施工顺序的确定。

为达到工期最短的目的,可以用约翰逊—贝尔曼法则来解决。

约翰逊—贝尔曼法则基本思想:假定工程只有二道工序,即在 m 项任务的每项任务需要完成 A 和 B 两道工序。若各项任务均应首先进行 A 工序,完成后再做 B 工序。针对 A、B,总时间计算有:

$$T_A \geqslant \sum t_{iA} + t_{mB}$$

$$T_B \geqslant \sum t_{iB} + t_{1A}$$

式中　T_A——A 工序的施工总时间;

　　　T_B——B 工序的施工总时间;

　　　t_{ij}——第 i 项任务中完成 j 工序所需的时间。

取 $\min\{T_{iA}, T_{iB}\}$,先行工序安排在最前施工,后行工序安排在最后施工;挑出后继续取最小值,先行工序安排在次前,后行工序安排在次后;以此类推,直到完成排序,即可得到最佳施工顺序。

【例 2.1】　拟对相邻五座小桥挖基、砌筑基础施工。

已知各道工序生产周期见表 2.1 所示,用约翰逊—贝尔曼法则确定最短施工总工期的施工顺序。

表 2.1　各道工序生产周期

工序 ＼ 工段	1 号桥	2 号桥	3 号桥	4 号桥	5 号桥
挖基	4 d	4 d	8 d	6 d	2 d
砌基础	5 d	1 d	4 d	8 d	3 d

【解】

第 1 步:$\min\{t_{iA}、t_B\} = t_{2B} = 1$ d。

为 2 号桥后续工序,即把 2 号桥放在最后施工。

第 2 步:去除 2 号桥,余下的 1、3、4、5 中取最小值,

得 $t_{5A} = 2$ d,是前工序,即 5 号桥施工最前。

依此类推:

第 3 步:表中 1 号桥 $t_{1A} = 4$ d 为最小,是先行工序,1 号桥放在第二施工。

第 4 步:表中 3 号桥 $t_{3B} = 4$ d 为最小,是后续工序,3 号桥放在第四施工。

第 5 步:4 号桥放在第三施工。

综上可知这五座小桥的施工顺序为:5 号、1 号 、4 号、3 号、2 号。

在确定施工顺序的基础上,绘制横道图,通过计算得最短施工总时间为 25 d。注意:若不按此原则排列施工顺序,一般不可能取得最短的施工周期,也不可能获得上述结果。

按 5 号、1 号 、4 号、3 号、2 号顺序绘制施工进度图,确定总工期,如图 2.8 所示。

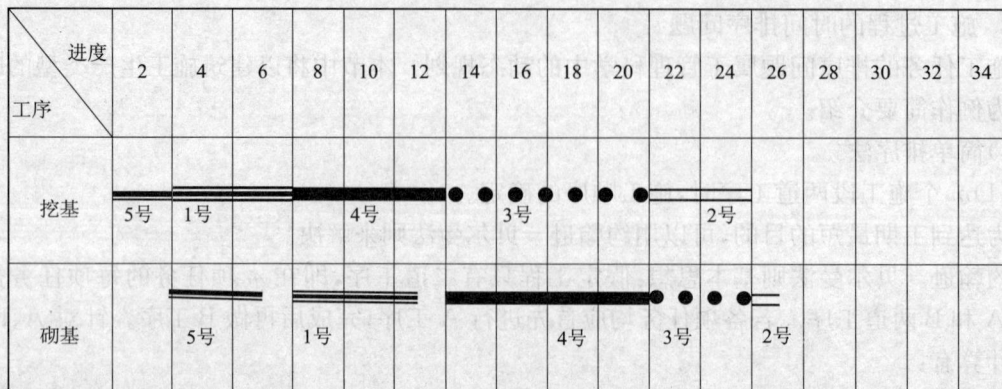

图 2.8　施工进度图

本例如果按 1 号、2 号、3 号、4 号、5 号 顺序排列施工顺序,则所得的施工总周期为 33 d,较以上排列多 8 d。

按 1 号、2 号、3 号、4 号、5 号 顺序绘制施工进度图,确定总工期,图 2.9 所示。

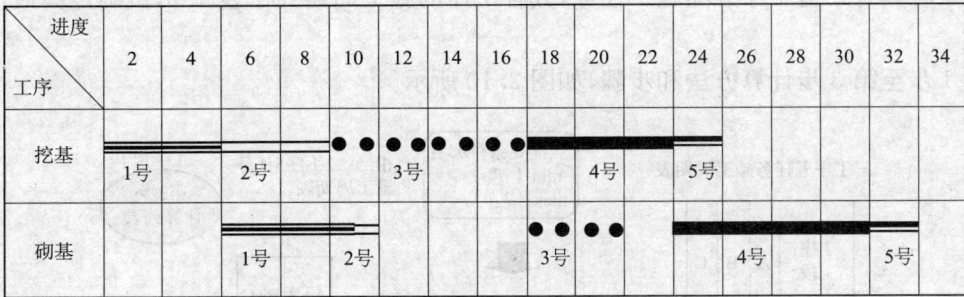

图 2.9　施工进度图

(2)m 个施工段 3 道工时,施工顺序的确定。

每项任务都由三道工序 A、B、C 组成,且工作顺序为 A→B→C,即完成前道工序方能进行后道工序。对于这类问题,如果符合下列两种情况就可采用约翰逊－贝尔曼法则,这两种情况是:

①第 1 道工序中最小的施工周期 $\min\{t_{iA}\}$ 大于或等于第 2 道工序的最大施工周期 $\max\{t_{iB}\}$,即:

$$\min\{t_{iA}\} \geqslant \max\{t_{iB}\}$$

②第 3 道工序最小的施工周期 $\min\{t_{iC}\}$ 大于或等于第 2 道工序的最大施工周期 $\max\{t_{iB}\}$。即:

$$\min\{t_{iC}\} \geqslant \max\{t_{iB}\}$$

上述两种情况只要符合其中的一条时,即可用下述方法求得最优施工次序。以一工程项目为例,介绍三道工序,多项任务的施工顺序排序方法。各工序生产周期见表 2.2。

表 2.2　各工序生产周期

工序　　施工段	A	B	C
1	4	5	5
2	2	2	6
3	8	3	9
4	10	3	9
5	5	4	7

计算方法和步骤如下:

第 1 步:将第 1 道工序和第 2 道工序上各项任务的施工周期依次加在一起并作为先行工序;

第 2 步:将第 2 道工序和第 3 道工序上各项任务的施工周期依次加在一起并作为先行工序;

第 3 步:将上述第 1 步、第 2 步得到的施工周期序列看做两道工序的施工周期;

第4步:按两道工序多项任务的计算方法求出最优施工顺序;

第5步:求出的最优施工顺序就是三道工序上的最优施工顺序。

现举例说明如下:

某工程具有三道工序五项施工任务,其各工序的施工周期列于表2.2,试确定其最优施工顺序。

第1步至第3步计算方法和步骤,如图2.10所示。

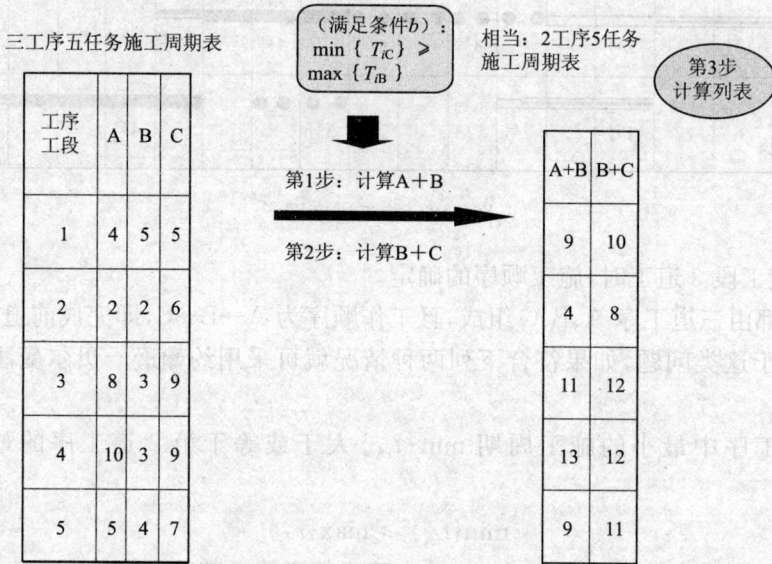

图 2.10 三工序五任务施工顺序排列计算

第4步按约翰逊-贝尔曼法则排序:

①在 $t_{i(A+B)}$ 和 $t_{i(B+C)}$ 中找出最小值,先行工序排在最前,后续工序排在最后施工。

$t_{2(A+B)} = 4 = t_{i(A+B)min}$ 先行工序,2 号任务第一施工。

②$t_{1(A+B)} = t_{5(A+B)} = 9 = t_{min}$ 都为先行工序,查其后续工序 $t_{1(B+C)} = 10$,$t_{5(B+C)} = 11$,

$t_{1(B+C)} = 10 < t_{5(B+C)} = 11$,1 号任务排在 5 号任务后面,5 号任务第二,1 号任务第三。

③$t_{3(A+B)} = 11 = t_{min}$ 为先行工序,3 号任务第四施工,4 号任务第五施工。

最优施工顺序为:2 号、5 号、1 号、3 号、4 号。

第5步得出结论:最佳工序排列为 2、5、1、3、4(作横道图),施工周期 41 d(满足前提条件,排序正确)。

按计算出的最佳施工顺序排列施工顺序,绘制横道图,确定施工总工期为 41 d,如图 2.11 所示。

(3)m 个施工段 $n(n>3)$ 道工序时,施工顺序的确定。

当 $n>3$ 时,求解最优排序比较复杂,但可按施工的客观规律采用将前后关联工序的周期按一定方式合并的方法,分别应用约翰逊-贝尔曼法则,求出"合并后工序"相应的周期,最后再按选取最小值的方法求得施工顺序的较优安排。

①工序合并条件:

a. 三相邻工序的工作时间应满足前后工序中任何一道工序的最小工作时间应大于或等于中间工序的最大工作时间。

工序	进度																				
	2	4	6	8	10	12	14	16	18	20	22	24	26	28	30	32	34	36	38	40	42

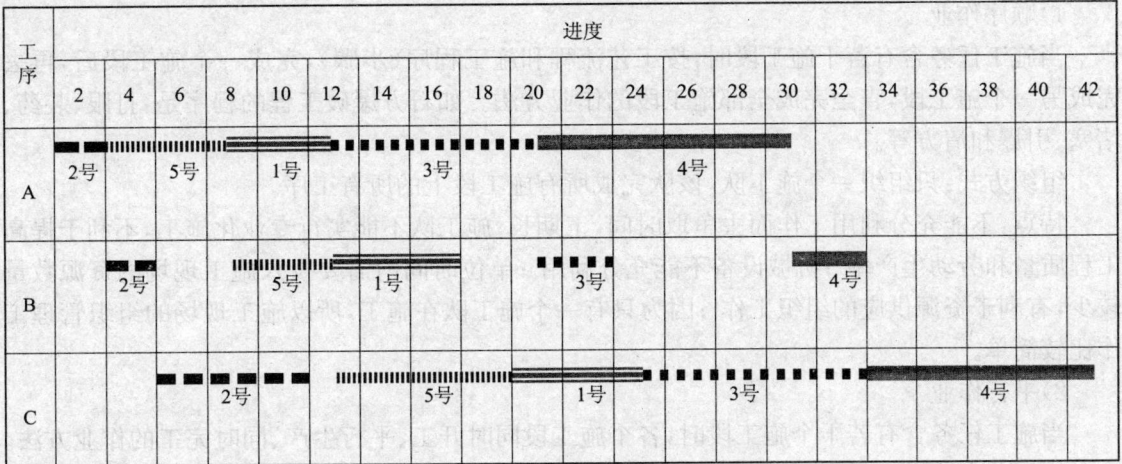

图 2.11　三工序五任务施工进度图

b. $t_{Amin} \geqslant t_{Bmax}$；$t_{Cmin} \geqslant t_{Bmax}$ 或 $t_{Bmin} \geqslant t_{Cmax}$；$t_{Dmin} \geqslant t_{Cmax}$

c. 若出现 $t_{Cmin} \geqslant t_{Bmax}$，则合并为 $a+b$ 与 $b+c+d$ 两道工序。

d. 若出现 $t_{Dmin} \geqslant t_{Cmax}$，则合并为 $a+b+c$ 与 $c+d$ 两道工序。

②合并为两道工序后，运用约翰逊—贝尔曼法则进行最优排序。

施工顺序的安排，除考虑施工速度快外，同时还要考虑施工费用省、施工质量高和保证安全，因此必须从实际出发全面加以考虑，使施工顺序的确定能够为好、快、省、安全地完成施工任务创造条件。

2）约翰逊—贝尔曼法则（简称约—贝法则）使用注意事项

约翰逊—贝尔曼法则的运用，给我们提供了一个在不增加资源和额外投入的条件下而将工期缩短的经验方法，另一方面也为我们找到了缩短工期的简便方法。但是，由于计算机的出现，采用全排列组合的方法，只要编一段小小的程序即可很快计算出来，所以，约—贝法则的意义不在于简便计算，主要是提供给我们一种思想，利用这一经验法则，可以缩短工期。应该提倡使用，但要注意：

（1）工序划分的相对性。施工工序的划分是人为的，组织者不同，处理的方法也会不尽相同。所以在实际操作中，根据工作量的相对平衡和工序本身在交接过程中的顺利连接，划分工序尽量保持工作量的均衡一致。

（2）使用的局限性。约翰逊—贝尔曼法则使用注意事项法则使用的局限性。约—贝法则是工程施工中数字统计总结出来的经验，因此本身存在一定的误差，在手工操作计算过程中，会遇到很多矛盾，但这不是法规的错，关键在于读者灵活运用。特别是多道工序的施工组织在怎样缩短工期时，就会体会到这种经验，这种思想对我们十分有用。

（3）约翰逊—贝尔曼法则与流水作业使用注意事项法则与流水作业。实际上，该法则是建立在流水作业的基础上的，但鉴于教材中还没有系统介绍流水施工原理。因此，从横道图上看，它并不是标准的流水作业，每一工序的专业施工队在施工过程中并不连续。望读者在第四节之后再回头分析工程实际运用的综合问题。

3. 工程项目施工作业方式

在施工生产中，施工队（班组）对施工对象的施工顺序，一船可分为：顺序（依次）作业法、平行作业法和流水作业法等三种基本施工方式。

1)顺序作业

当施工任务含有若干施工段时,按工艺流程和施工程序(步骤),完成一个施工段后,再去完成另一个施工段,直至完成全部施工段的作业方法。如石方爆破工程的程序是:打眼、装药、堵塞、引爆和清方等。

组织方式:只组织一个施工队,该队完成所有施工段上的所有工序。

特点:不能充分利用工作面去争取时间,工期长;施工队不能实行专业化施工,不利于提高工程质量和劳动生产率;机械设备不能充分利用;单位时间内需要投入施工现场的资源数量较少,有利于资源供应的组织工作;因为只有一个施工队在施工,所以施工现场的组织管理工作比较简单。

2)平行作业

当施工任务含有若干个施工段时,各个施工段同时开工、平行生产、同时完工的作业方法。

组织方式:划分几个施工段,就组织几个施工队,各施工队需完成相应施工段上的所有工序。

特点:充分利用了工作面,缩短了工期;施工队不能实行专业化施工,不利于提高工程质量和劳动生产率;协调性、均衡性差,劳动力需要量出现高峰;单位时间内需要投入施工现场的资源成倍增长,给材料供应、机械设备调度等带来困难;施工队多、人员集中,所以施工现场的组织管理工作复杂。

3)流水作业

施工任务含有若干个施工段时,其各个施工段相隔一定时间依次投入施工生产,相同的工序依次进行,不同的工序则平行进行的一种作业方法。流水作业符合工艺流程,组织紧凑,有利于专业化施工,是现代化工业产品生产的基本组织形式。对于建筑工程(包括公路在内)亦具有先进性。其基本原理在下一节中详述。

组织方式:划分几道工序,就组织几个专业施工队,各施工队在施工中只完成相同的操作,一个施工段的任务是由多个施工队共同协作完成。

特点:流水作业法由于科学地利用工作面,所以总工期比较合理;施工队采用专业化施工,可使工人的操作技术水平由熟练而不断提高,为进行技术改造、革新创新创造了条件,更能保证工程质量,同时获得更高的劳动生产率;专业施工队实行连续作业,相邻专业施工队之间搭接紧凑,体现了施工的连续性;单位时间内需要投入施工现场的资源数量较为均衡,有利于资源供应的组织工作;施工有节奏,为文明施工和进行施工现场的科学管理创造了条件。

为了便于进一步说明这三种施工作业方法的特点,现举例如下:拟修建跨径 6.0 m 的同类型钢筋混凝土矩形板桥 m 座(设 $m=4$),比较范围仅限于施工期限和劳动力数量之间的相互关系,故假定四座桥的同一工序工作量相等,每座小桥分 4 道工序,即 $n=4$。还假定施工班组按完全相同的条件组成,因而在每座桥上每一工序所需的工作日数亦固定不变,即 $t_i=4$ d,则 $t=n \times t_i=4 \times 4=16$ d。

由施工进度图 2.12 可以看出,顺序作业法是四座桥按先后顺序进行施工,后一座桥的施工必须待前座桥全部竣工后才能进行。施工总期限 $T=m \times t=4 \times 16=64$ d,同时投入施工的劳动力(或其他资源)较少,最多 12 人,最少 3 人。

平行作业法是四座桥同时开工,同时竣工,配以四组相等的劳动力。虽然施工总期限缩短为只有 $T=t=16$ d,但是所需劳动力(资源数)却按施工对象的倍数增加,最多 48 人,最少 12 人。

流水作业与上述两种方法不同,其特点是将同性质的项目或操作过程,由一个专业施工队

（组）按一定顺序连续在不同空间来完成。现将上例各座桥的全部施工操作内容分为 4 个独立的项目：挖基坑、砌基础、砌桥台、安装矩形板，分别交由 4 个专业班组施工，此时专业班组按规定的先后顺序（流水方向）进入各桥。由图 2.13 知，本例中挖基坑专业班组由 6 人组成，最先在甲桥施工，再依次在乙、丙、丁三座桥施工，直到全部完成，共占用 16 工作日。砌基础专业班组要等甲桥完成挖基坑任务后才能进入甲桥施工，并依次投入乙、丙、丁三座桥，每班 5 人同样亦占用 16 工作日。在日程进度图上比基坑班组推迟四天开工，其他两个班组依次比前一班组推迟四天开工，以后在甲、乙、丙、丁四座桥上连续施工。在流水作业法中，劳动力的总需要量是随着各专业班组先后投入施工而逐渐增加，当全部班组投入后就保持稳定（本例为 26 人），直到第一个施工对象（甲桥）完成后才逐渐减少。虽然每一施工班组均占用 16 个工作日，但由于是一个接一个相继投入施工，所以施工总期限的前段时间，即由正式开工起至所有施工班组全部投入为止，这段时间间隔称为流水作业的开展时间，用 t_0 表示，显然它与专业班组的数目（n）和每一施工班组在一个施工对象上执行同一工序的期限（t_i）有关。而总期限（T）又同时与开展时间和施工对象的数目有关，表示如下：$T = t_0 + m \times t_i = t_i(n-1) + m \times t_i = (m+n-1)t_i$。

工程编号	施工项目	工程量	工　作　日													工作日				工　作　日						
			4	8	12	16	20	24	28	32	36	40	44	48	25	66	0	64	48	1	2	16	4	8	12	16	20	24	28
甲桥	挖基坑	144																												
	砌基础	119																												
	砌桥台	185																												
	矩形板	98																												
乙桥	挖基坑	144																												
	砌基础	119																												
	砌桥台	185																												
	矩形板	98																												

图　2.12

工程编号	施工项目	工程量	工作日																工作日				工作日						
			4	8	12	16	20	24	28	32	36	40	44	48	25	66	0	64	48	1	2	16	4	8	12	16	20	24	28
丙桥	挖基坑	144																											
	砌基础	119																											
	砌桥台	185																											
	矩形板	98																											
丁桥	挖基坑	144																											
	砌基础	119																											
	砌桥台	185																											
	矩形板	98																											
劳动力需要量图			6	5	12	3	6	5	12	3	6	5	12	3	6	5	12	3	24	20	48	12	6	11	23	26	20	15	3
施工组织方式			顺序作业																平行作业				流水作业						

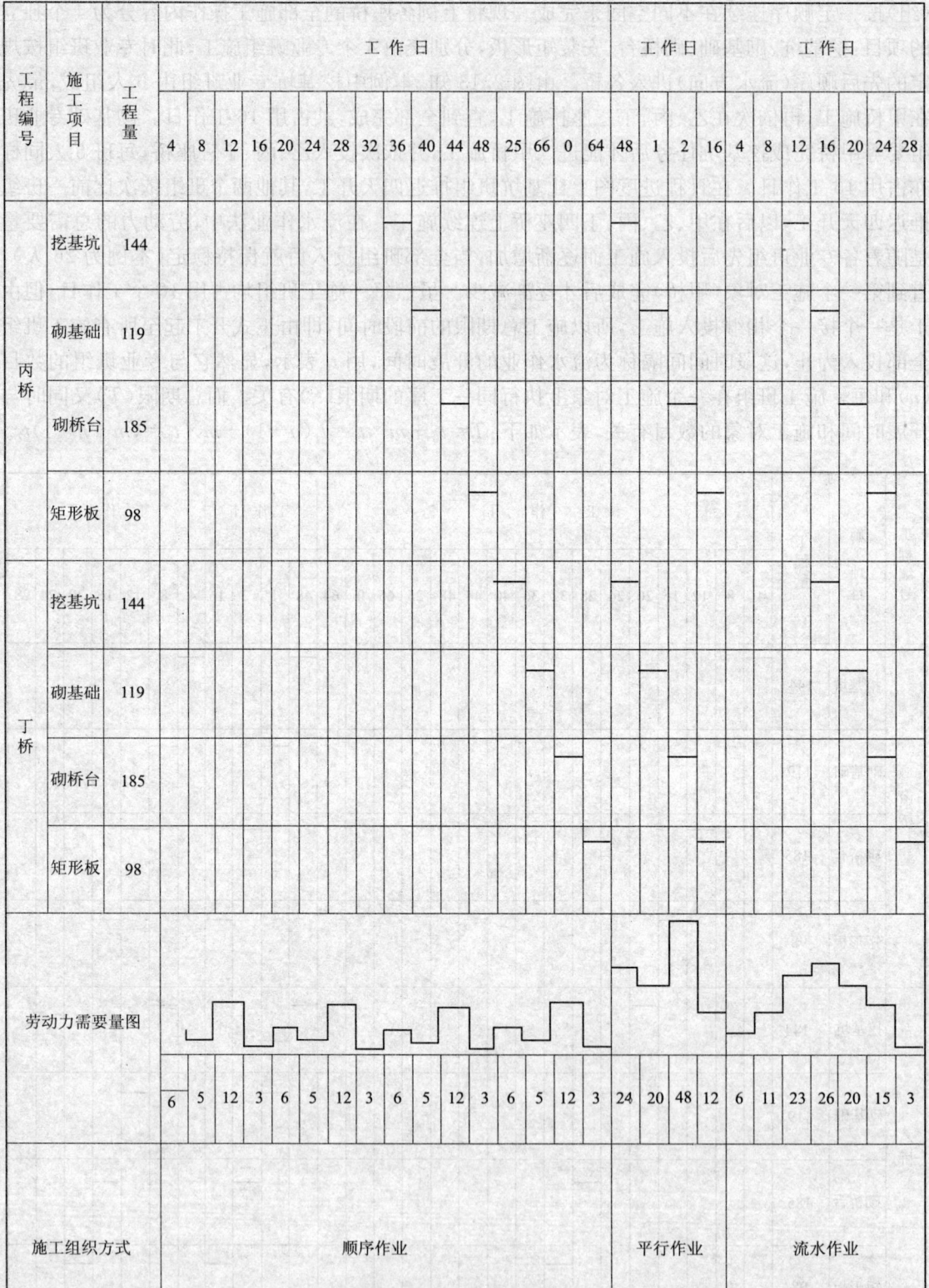

图 2.12　工程进度横道图

由上式可知,本例中采用流水作业法施工时,总工期为 28 d。

上面三种方法各具特点,对于同一项工程的施工,采用顺序作业法需要 64 工作日,工期较长,劳动力需要量较少,但周期性起伏不定,对劳动力的调配管理以及临时性设施不利,尤其在工种和技工的使用上形成极大的不合理。在本例中为减少间隔性的窝工,当然不可能按 4 个项目所需的总人数(26 人)来使用,但是即使只配 12 人,亦仅是在砌桥台的 4 d 都得到充分利用,其余 12 d 中至少有半数人在等待施工,并且造成技工普工不分的现象,从而大大降低了工效和形成劳力浪费。

采用平行作业法时,施工总工期缩短为 16 工作日,但劳动力需要量相应增加 4 倍,这在短期内集中 4 套人力和设备,往往是不可能的,也是不合理的。同时在人力上突然出现高峰现象,造成窝工,增加生活福利设施的支出。

采用流水作业法施工,总工期比平行作业法有所延长,但劳动力得到了充分合理地利用,在整个施工期内显得均衡一致。如果再考虑到机具和材料的供应与使用,附属企业生产的稳定,以及工程质量、工效的提高等因素,则流水作业法施工的优点更为明显。

组织施工的三种方式特点比较,见表 2.3。

表 2.3　三种方式特点比较

比较内容	顺序施工	平行施工	流水施工
工作面利用情况	不能充分利用工作面	最充分地利用了工作面	合理、充分地利用了工作面
工期	最长	最短	适中
窝工情况	按施工段一次施工有窝工现象	若不进行协调,则有窝工	主导施工过程班组不会有窝工现象
专业班组	实行,但要消除窝工,则不能实行	实行	实行
资源投入情况	日资源用量少,品种单一,但不均匀	日资源用量大,品种单一,且不均匀	日资源用量始终,且比较均匀
对劳动生产率和过程质量的影响	不利	不利	有利

4. 综合作业方式

顺序作业法、平行作业法、流水作业法在生产过程中不仅可以单独运用,而且可以根据具体条件,将三种基本作业方式加以综合运用,一般均能取得较明显的经济效果。具体有以下三种常用的综合作业方式。

1)平行流水作业法

在平行作业法的基础上,按照流水作业法的原则组织施工,以达到适当缩短工期,而又使劳动力、材料、机具需要量保持均衡的目的。如一个项目划分几个施工段,每个施工段同时开工,而每个工序流水作业。

2)平行顺序作业法

其实质通过用增加施工力量的方法来达到缩短工期的目的。它使顺序作业法和平行作业法之缺点更加突出,故仅适用于突击作业。

3)立体交叉平行流水作业法

在平行流水作业法的原则上,采用上、下、左、右全面施工的方法。它可以充分利用工作面和有效地缩短工期,一般适用于工序繁多、工程特别集中的大型构造物的施工,如大型立交桥工程等。

典型工作任务 2.3　流水施工原理

2.3.1　工作任务

通过学习流水施工的各个主要参数及工期的计算,使学生从本质上掌握流水施工,通过本任务的学习能够学会对简单的流水施工工期的计算。

2.3.2　相关配套知识

1. 流水施工的特点

流水施工的实质是充分利用时间和空间,从而缩短了工期,增加了劳动力和物资需要量供应的均衡性,提高了劳动生产率,降低了工程成本。

流水施工法的特点是生产的连续性和均衡性,因此可使各种物质资源均衡地使用,使建筑机构及其附属企业的生产能力充分地发挥,劳动力得到合理地安排和使用,从而带来较好的经济效果。它主要表现在以下几个方面:

1)科学安排工作面,争取了时间,工期比较合理。

2)工作队及其工人实现了专业化施工,可使工人的操作技术熟练,更好地保证工程质量,提高劳动生产率。

3)专业工作队及其工人能够连续作业,使相邻的专业工作队之间实现了最大限度的合理搭接。

4)单位时间投入施工的资源量较为均衡,有利于资源供应的组织工作。

5)为文明施工和进行现场的科学管理创造了有利条件。

流水施工法只是一种组织措施,它可以在施工中带来很好的经济效果,而不要求增加任何的补充费用。现代的建筑业沿着建筑工业化的道路发展,如建筑设计标准化,建筑结构装配化,构件生产工厂化,施工过程机械化,建筑机构专业化和施工管理科学化。这些方面是密切联系,互为条件的,既是实现建筑工业化必不可少的重要措施,也是建筑施工企业多、快、好、省地进行四化建设的重要手段。

2. 流水施工的主要参数

在组织拟建工程项目流水施工时,用以表达流水施工在工艺流程、空间布置和时间排列等方面开展状态的参数称为流水参数。按参数性质不同,可以分为以下三类:

1)工艺参数

在组织流水施工时,用以表达流水施工在施工工艺上开展顺序及其特征的参数。具体地说是指组织流水施工时,将拟建工程项目的整个建造过程分解为施工过程的种类、性质和数目的总称。

(1)施工过程数 n

施工过程可以分为以下三种:

①制备类施工过程

在组织流水施工过程中,为了提高建筑产品的生产能力而形成的施工过程。一般不占有施工对象的空间,不影响项目总工期,因此在施工进度计划表上不表示。

②运输类施工过程

它是指将建筑材料、构(配)件、成品、半成品、制品和设备等运到项目工地仓库或现场操作使用地点而形成的施工过程。一般不占有施工对象的空间,不影响总工期,通常也不列入项目施工进度计划中。

③砌筑安装类施工过程

它是指在施工对象的空间上,直接进行加工,最终形成施工项目产品的过程。它占有施工对象的空间,影响着工期的长短,必须列入项目施工进度计划中,而且是项目施工进度表的主要内容。砌筑安装类施工过程的分类如图 2.13 所示。

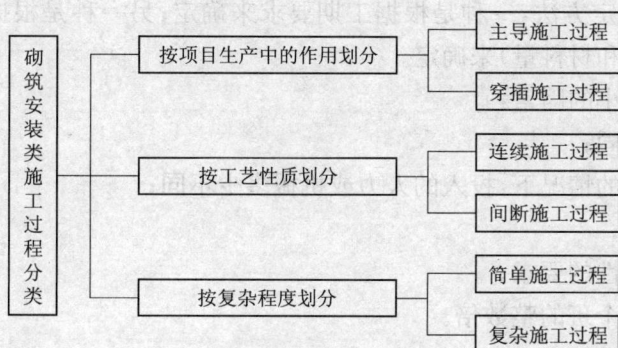

图 2.13　砌筑安装类施工过程的分类图

根据具体情况,可把一个综合的施工过程划分为若干具有独自工艺特点的个别施工过程,划分的数量 n 称为施工过程数(工序数)。由于每一个施工过程一般由专业班组承担,故施工班组(或队)数等于 n。

施工过程应根据构造物的特点和施工方法划分,太多、太细会给计算增加麻烦,在施工进度计划上也会带来主次不分的缺点;太少则会使计划过于笼统,失去指导施工的作用。

(2)流水强度 V

流水强度又称流水能力、生产能力,每一施工过程在单位时间内所完成的工程量叫流水强度。流水强度越大,施工工艺进展速度越快。

①机械施工过程的流水强度计算:

$$V = \sum_{i=1}^{x} R_i C_i \tag{2.1}$$

式中　R_i——某种施工机械台数;

　　　C_i——该种施工机械台班生产率(即台班产量定额);

　　　x——用于同一施工过程的主导施工机械种数。

【例 2.2】　某铲运机铲运土方工程,推土机 2 台,$C=1\,562.5$ m³/台班,铲运机 3 台,$C=223.2$ m³/台班。求流水强度。

【解】：　　　　　　$V=2\times1\,562.5+3\times223.2=3\,764.6$(m³/台班)

②手工操作过程的流水强度按下式计算:

$$V = R \cdot C \tag{2.2}$$

式中　R——每一工作队人数(R 应小于工作面上允许容纳的最多人数);

　　　C——每一工人每班产量(即劳动产量定额)。

【例 2.3】　人工开挖土阶工程:$C=22.2$ m³/工日,$R=10$ 人,求手工操作流水强度。

$$V=10\times22.2=222\text{(m}^3\text{)}$$

2)时间参数

在组织流水施工时,用以表达流水施工在时间安排上所处状态的参数,主要包括流水节拍、流水步距和流水工期等。

(1)流水节拍 t_{ij}

流水节拍是指在某个施工过程(或作业班组、专业队)在某个施工段上完成该项作业所持续时间。它的大小关系着投入的劳动力、机械和材料量的多少,决定着施工的速度和施工的节奏性。通常有两种确定方法,一种是根据工期要求来确定;另一种是根据现有的投入的资源(劳动力、机械台班数和材料量)来确定。

影响流水节拍大小的因素:

①施工方案的不同;

②在工作面允许的情况下,投入的人力或机械多少不同;

③工作班次不同;

④必须满足均衡性的要求;

⑤在数值上取半个班的整数倍。

流水节拍按下式计算:

$$t_{ij}=\frac{Q_{ij}}{CR}=\frac{P_{ij}}{R}$$ (2.3)

式中　Q_{ij}——第 i 个施工段在第 j 个施工过程(工序)的工作量(i 表示施工段数: $i=1,2,3,\cdots,m$; j 表示施工过程: $j=1,2,3,\cdots,n$);

　　　C——每一工日(或台班)的计划产量(产量定额);

　　　R——施工人数(或机械台数);

　　　P_{ij}——第 i 个某施工段所需要的劳动量(或机械台班量)。

【例 2.4】 人工挖运土方工程 $Q=24\ 500\ \text{m}^3$, $C=24.5\ \text{m}^3/\text{工}$, $R=40$ 人。求: $t=?$;若 $R=50$ 人,则 $t=?$

【解】:
$$P=24\ 500/24.5=1\ 000(工日)$$
$$R=40人,t=1\ 000/40=25(d)$$
$$R=50人,t=1\ 000/50=20(d)$$

(2)流水步距 $B_{j,j+1}$

流水步距是指组织流水施工时,相邻两个施工过程(或专业工作队)在同一个施工段上相继开始施工的最小时间间隔,叫流水步距。确定流水步距的目的是为了保证作业组在不同施工段上连续作业,不出现窝工的现象。其数目取决于参加流水的施工过程数,如施工过程数为 n ,则流水步距的总数为 $(n-1)$ 个。

流水步距的大小取决于相邻两个施工过程(或专业工作队)在各个施工段上的流水节拍及流水施工的组织方式。确定流水步距的基本要求是:

①保证施工工艺的先后顺序;

②各施工过程的专业工作队尽可能保持连续作业;

③两个施工过程在满足连续施工的条件下,能最大限度地实现合理搭接,工作面不拥挤;

④流水步距与流水节拍保持一定关系,它应满足一定的施工工艺、组织条件及质量要求,例如钻孔灌注桩工程,必须保证钻孔与灌注混凝土两道工序紧密衔接(防止塌孔)。

（3）流水施工工期 T

流水施工工期指从第一个专业工作队投入流水施工开始，到最后一个专业工作队完成流水施工为止的整个持续时间。

3）空间参数

在组织流水施工时，用以表达流水施工在空间布置上所处状态的参数，称为空间参数。

（1）工作面 A

工作面是指专业工种在施工过程中，所必须具备的活动空间，工作面的大小根据相应工种单位时间内的产量定额、建筑安装工程操作规程和安全操作规程等要求确定。它的大小可表明能安置多少工人操作或布置机械台数的多少，也就是反映施工过程在空间上布置的可能性。

（2）施工段落 m

为了有效第组织流水施工，通常把拟建工程项目在平面上划分成若干个劳动量大致相等的施工段落，这些施工段落称为施工段。施工段的数目用 m 表示。

①划分施工段的目的

在保证工程质量的前提下，为专业工作队确定合理的空间活动范围，使其按流水施工的原理，集中人力和物力，迅速将其完成，尽快地、依次地、连续地转入下一个施工段，为其相邻的专业工作队尽早地提供工作面。

一般情况下，一个施工段在同一时间内，只安排一个专业工作队施工，各专业工作队遵循施工工艺顺序依次投入作业，同一时间内在不同的施工段上平行施工，使流水施工均衡地进行。

组织流水施工时，可以划分足够数量的施工段，充分利用工作面，避免窝工，尽可能缩短工期。

②划分施工段的原则

由于施工段内的施工任务由专业工作队依次完成，因而在两个施工段之间容易形成一个施工缝。同时，由于施工段数量的多少，将直接影响流水施工的效果。为使施工段划分得合理，一般应遵循下列原则：

a. 每段内要有足够的工作面，使工人操作方便，既有利于提高工效，又能保证施工安全；

b. 各施工段上所消耗的劳动量大致相等，相差幅度不宜超过 10％～15％。

c. 施工段的分界同施工对象的结构界限（如沉降缝、伸缩缝和单元尺寸等）相一致，或设在对建筑结构整体性影响小的部位，以保证建筑结构的整体性。

d. 划分段数的多少，应考虑机械使用效能、合理的劳动组织、劳动人数、材料供应情况、施工规模大小等因素，即 $m \geqslant n$。施工段数目过多，会降低施工速度，延长工期；施工段过少，不利于充分利用工作面，可能造成窝工。

e. 对于多层建筑物、构筑物或需要分层施工的工程，应既分施工段，又分施工层，各专业工作队依次完成第一施工层中各施工段任务后，再转入第二施工层的施工段上作业，依此类推。以确保相应专业队在施工段与施工层之间，组织连续、均衡、有节奏地流水施工。

f. 对于铁路、公路工程，由于产品的单件性，一般不适于组织流水施工，但同时由于其产品形态庞大、线长点多，又为组织流水施工提供了空间条件，可将其划分为若干段的批量产品，使其满足流水施工的基本要求。

3. 流水施工类型及总工期

由于工程构造物的复杂程度不同，所处的具体位置多变以及工程性质各异等因素的影响，使流水节拍的规律不同,决定了流水步距、流水施工工期的计算方法等也不同,甚至影响到各个施工过程的专业工作队数目。因此,按流水节拍的特征将流水施工可分为有节奏流水施工和无节奏流水施工,其中有节拍流水又分为全等节拍流水、成倍节拍流水和分别流水。如图 2.14 所示流水施工分类。

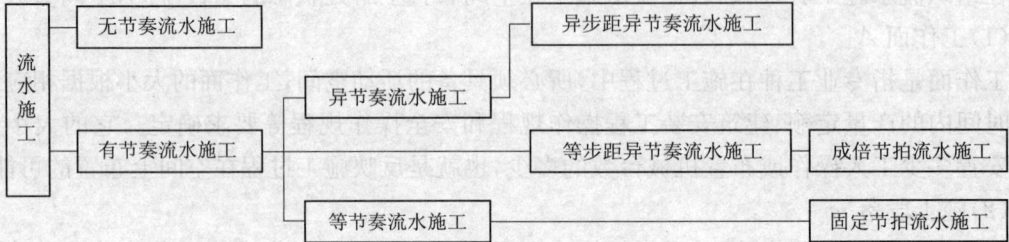

```
                  ┌──────────────┐
                  │  无节奏流水施工  │
┌──┐              └──────────────┘                    ┌──────────────────┐
│流│                                                    │ 异步距异节奏流水施工 │
│水│              ┌──────────────┐                    └──────────────────┘
│施│─────┐        │ 异节奏流水施工  │───────┐
│工│     │        └──────────────┘        │
└──┘     │                                 │            ┌──────────────────┐    ┌──────────────┐
         │        ┌──────────────┐        └──────────│ 等步距异节奏流水施工 │────│ 成倍节拍流水施工 │
         └────────│ 有节奏流水施工  │                  └──────────────────┘    └──────────────┘
                  └──────────────┘
                         │                             ┌──────────────────┐    ┌──────────────┐
                         └──────────────────────────│  等节奏流水施工   │────│ 固定节拍流水施工 │
                                                       └──────────────────┘    └──────────────┘
```

图 2.14　流水施工分类

1)有节奏流水施工

有节奏流水施工是指在组织流水施工时,每一个施工过程在各个施工段上的流水节拍都各自相等的流水施工,它分为等节奏等步距流水施工和异节奏流水施工。

(1)等节奏等步距流水施工

等节奏等步距流水施工是指在有节奏流水施工中,各施工过程的流水节拍 t_{ij} 全相等的流水施工。即各专业施工队在所有施工段上的作业时间均相等。等节奏流水施工比较适用于分部工程流水,不适用于单位工程,特别是大型建筑群,因为等节奏流水施工虽然是一种比较理想的流水施工方式,它能保证专业班组的工作连续,工作面充分利用,实现均衡施工,但由于它要求划分的各部分、分项工程都采用相同的流水节拍,这对一个单位工程或建筑群来说,往往十分困难,不容易达到。因此实际应用范围不是很广泛。

特点:

①同一施工过程流水节拍相等,不同施工过程流水节拍也相等;

②相邻施工过程之间的流水步距相等,并且等于流水节拍(流水步距＝流水节拍,即 $t_{ij}=B_{j,j+1}=$ 常数);

③每个专业队(班组)都能够连续施工,施工段没有空闲;

④专业队(班组)数等于施工过程数。

流水周期:　　　　　$T=T_0+T_n=(n-1)B_{j,j+1}+m \cdot t_{ij}=(m+n-1)t_{ij}$　　　　　(2.4)

式中　T_0——流水开展期,即从开始至全部工序投入操作的时间间隔(各工序之间的流水步距总和);

　　　T_n——末道工序完成各施工段操作所需时间。

【例 2.5】　某施工项目有三个施工段,每个施工段有 5 道工序,每道工序的流水节拍 $t_i=3$ 天,$B_{ij}=3$ 天。试确定施工组织的方法,绘制施工进度图,计算总工期。

【解】:根据题意可知:$m=3$,$n=5$,$t_{ij}=B_{j,j+1}=3$,确定施工组织的方法为等节奏流水施工。

流水开展期 $T_0=(n-1)B_{j,j+1}$;最后工序作业时间 $T_n=m \cdot t_{ij}$;

总工期 $T=T_0+T_n=(n-1)B_{j,j+1}+m \cdot t_{ij}=(m+n-1)t_{ij}$;

$T=(3+5-1)\times3=21(d)$。

绘制施工进度图如图 2.15 所示。

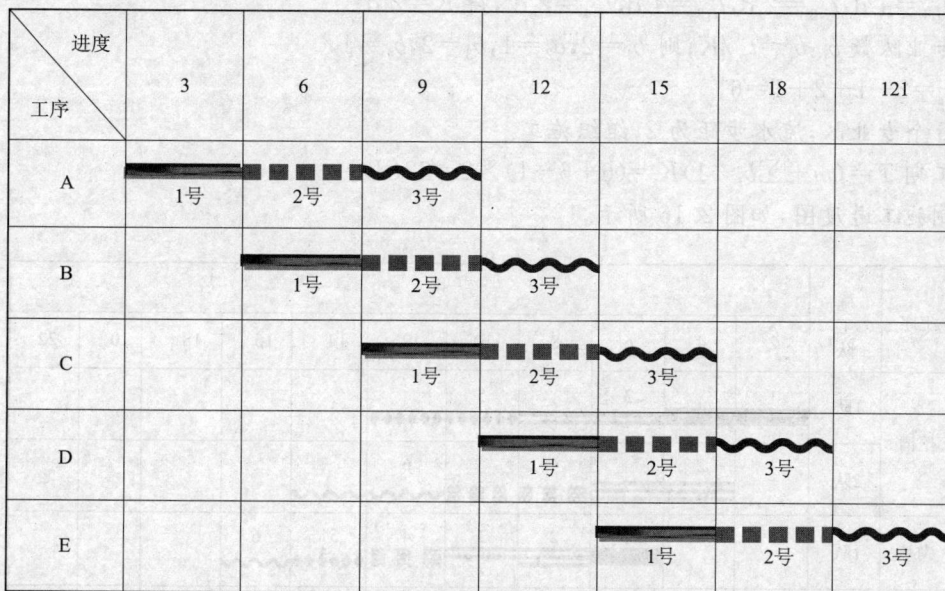

进度 工序	3	6	9	12	15	18	121
A	1号	2号	3号				
B		1号	2号	3号			
C			1号	2号	3号		
D				1号	2号	3号	
E					1号	2号	3号

图 2.15　等节奏流水施工进度图

（2）异节奏流水施工

在组织流水施工时，如果同一施工过程在各施工段上的流水节拍彼此相等，不同施工过程在同一施工段上的流水节拍彼此不完全相等的流水施工。

在组织异节奏流水施工时，又可以采用等步距和异步距两种方式。

①等步距异节奏流水施工（成倍节拍流水施工）

同一施工过程在各个施工段的流水节拍相等，不同施工过程之间的流水节拍不完全相等但各个施工过程的流水节拍均为其中最小流水节拍的整数倍数的流水施工方式。当各施工过程的流水节拍彼此不相等，但有互成倍数的比例关系时，如仍按全等节拍流水组织施工，则会造成施工队窝工或作业面间歇，从而导致总工期延长。

其步骤如下：

a. 求各流水节拍的最大公约数 K，它相当于各施工过程都共同遵守的"公共流水步距"，为了使用方便和便于与其他流水作业法比较起见，今后仍称这个 K 为流水步距。

b. 求各施工过程的专业施工队数目 b_i。每个施工过程的流水节拍 t_{ij} 是 K 的几倍，就相应安排几个施工队，才能保证均衡施工。同一施工项目的各个施工队依次相隔 K 天投入流水施工，因此，施工队数目 b_i 按下式计算：$b_i=t_{ij}/K$。

c. 将专业施工队数目的总和 $\sum b_i$ 看成是施工过程数 n，将 K 看成是流水步距后，按全等节拍流水的方法安排施工进度。

d. 计算总工期 T，由于 $n=b_i$，因此可以按下式来计算总工期：

$$T=(m+n-1)t_{ij}=(m+\sum b_i-1)K \qquad (2.5)$$

式中　K——各流水节拍的最大公约数。

【例 2.6】　有 6 座类型相同的管涵，每座管涵包括四道工序。每个专业队由 4 人组成，工作时间为:挖槽 4 d,砌基 2 d,安管 4 d,洞口 2 d。求:总工期 T,并绘制施工进度图。

【解】:根据题意可知:$m=6$,$n=4$,$t_{i,1}=4$ d,$t_{i,2}=2$ d,$t_{i,3}=4$ d,$t_{i,4}=2$ d。

由 $t_{i,1}=4$ d,$t_{i,2}=2$ d,$t_{i,3}=4$ d,$t_{i,4}=2$ d ,得 $K=2$ d。

求专业队数 b_i:$b_i=t_{ij}/K$;则 $b_1=2$,$b_2=1$,$b_3=2$,$b_4=1$,

$\sum b_i=2+1+2+1=6$

按 6 个专业队,流水步距为 2,组织施工。

总工期 $T=(m+\sum b_i-1)K=(6+6-1)\times 2=22(\text{d})$。

绘制施工进度图,如图 2.16 所示。

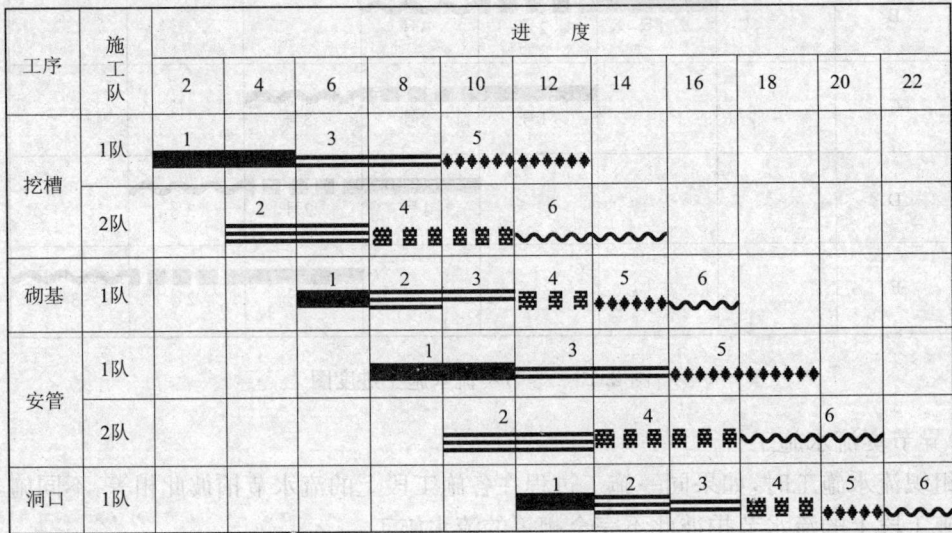

图 2.16　等步距异节奏流水施工进度图

②异步距异节奏流水施工(分别流水施工)

异步距异节奏流水施工是指各施工过程的流水节拍各自保持不变($t_{ij}=$常数),但不存在最大公约数,流水步距 $B_{j,j+1}$ 也是一个变数的流水作业。

特点:

a. 同一施工过程流水节拍相等,不同施工过程之间的流水节拍不全相等。

b. 各工序间流水步距 $B_{j,j+1}\neq$常数,一个施工段流水步距及不同施工段上的同类流水步距等也不全部相等。

c. 首末工序可在工段间连续施工或间歇施工。工作队(组)在主导施工过程上连续作业,但施工段之间可能有空闲。

异步距异节奏流水施工适用于分部和单位工程流水施工,它允许不同施工过程采用不同的流水节拍,因此在进度安排上比全等节拍流水和成倍节拍流水灵活,实际适用范围更广泛。

流水步距 $B_{j,j+1}$:

情形一:若后一工序的作业持续时间 t_{j+1} 大于或等于前一工序的作业持续时间 t_j 时,流水步距根据后一工序所要求的时间间隔确定,即:$B_{j,j+1}=t_j$,一般不小于 1 d。

情形二:若后一工序的作业持续时间 t_{j+1} 小于前一个施工过程的作业持续时间 t_j 时:

$$B_{j,j+1}=m(t_j-t_{j+1})+t_{j+1} \tag{2.6}$$

总工期计算:

$$T = T_0 + T_n = \sum B + m \times t_n \tag{2.7}$$

式中　$\sum B$——各相邻工序之间流水步距之和；

　　　t_n——最后一个专业施工队的作业持续时间；

　　　T_0——第一个施工过程开始至最后一个施工过程开始之间的时间间隔。

【例 2.7】　有结构尺寸相同的涵洞 5 座,每个涵洞四道工序,各涵每道工序的工作时间为 $t_{i,1} = 3$ d,$t_{i,2} = 2$ d,$t_{i,3} = 4$ d,$t_{i,4} = 5$ d,求总工期,并绘制水平施工进度图。

【解】:根据题意可知:$m = 5$,$n = 4$,各道工序的作业时间分别为 $t_{i,1} = 3$ d;$t_{i,2} = 2$ d;$t_{i,3} = 5$ d; $t_{i,4} = 5$ d

　　由:$t_2 = 2 < t_1 = 3$,$B_{12} = 5 \times (3 - 2) + 2 = 7$(d);

　　$t_3 = 4 > t_2 = 2$,$B_{23} = 2$ d;

　　$t_4 = 5 > t_3 = 4$,$B_{34} = 4$ d;

　　$T_0 = B_{12} + B_{23} + B_{34} = 7 + 2 + 4 = 13$(d);

　　$T = t_0 + t_e = 13 + 25 = 38$(d);

绘制施工进度图,如图 2.17 所示。

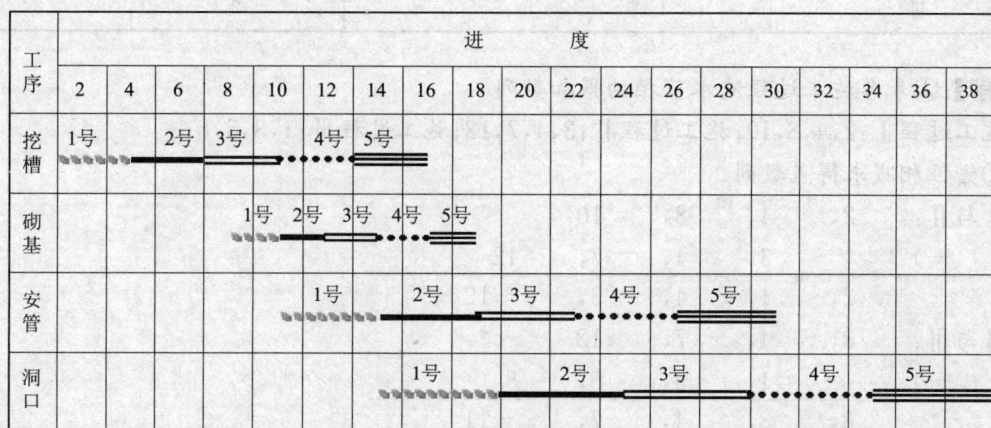

图 2.17　施工进度图

组织异步距异节奏流水施工时,首先应保证各施工过程本身均衡而不间断地进行,然后将各施工过程彼此搭接协调。也就是说,既要避免各施工过程之间发生矛盾,也要尽可能减少作业面的间隙时间,使整个施工安排保持最大程度的紧凑,以达到缩短工期的目的。

2)无节奏流水施工

无节奏流水施工是指同一施工过程在各个施工段上流水节拍不完全相等的一种流水施工方式,也就是说,在组织流水施工时,$t_{ij} \neq$ 常数,$B_{j,j+1} \neq$ 常数,$t_{ij} \neq B_{j,j+1}$,也非整数倍。

(1)无节奏流水施工的特点

①各施工过程在各施工段的流水节拍不全相等；

②相邻施工过程的流水步距不尽相等；

③专业工作队数等于施工过程数；

④各专业工作队能够在施工段上连续作业,但有的施工段之间可能有空闲时间。

(2)无节奏流水步距的确定

在无节奏流水施工中,通常采用累加数列错位相减取大差法计算流水步距。累加数列错位相减取大差法的基本步骤如下：

①将每一施工过程在各施工段上的流水节拍依次累加，求得各施工过程流水节拍的累加数列；

②将相邻施工过程流水节拍累加数列中的后者错后一位，相减后求得一个差数列；

③在差数列中取最大值，即为这两个相邻施工过程的流水步距。

总结为一句话即为：逐段累加，错位相减、差之取大。

【例2.8】　某工程由3个施工过程组成，分为4个施工段进行流水施工，其流水节拍(d)见表2.4，试确定流水步距。

表2.4　某工程流水节拍表

施工过程	施 工 段			
	①	②	③	④
Ⅰ	2	2	4	2
Ⅱ	3	1	3	5
Ⅲ	1	2	2	3

【解】：①求各施工过程流水节拍的累加数列

施工过程Ⅰ：2,4,8,10；施工过程Ⅱ：3,4,7,12；施工过程Ⅲ：1,3,5,8。

②错位相减求得差数列

Ⅰ与Ⅱ：　　2,　　4,　　8,　　10
　　－)　　　　3,　　4,　　7,　　12
　　　　　　2,　　1,　　3,　　－12

Ⅱ与Ⅲ：　　3,　　4,　　7,　　12
　　－)　　　　1,　　3,　　5,　　8
　　　　　　3,　　3,　　4,　　7,　　－11

③在差数列中取最大值求得流水步距

施工过程Ⅰ与Ⅱ之间的流水步距：$K_{1,2}=\max[2,1,4,3,-12]=4$ d

施工过程Ⅱ与Ⅲ之间的流水步距：$K_{2,3}=\max[3,3,4,7,-12]=7$ d

（3）无节奏流水施工工期的确定

流水施工工期可按下式计算：

$$T=\sum K+\sum t_n+\sum Z+\sum G-\sum C \tag{2.8}$$

式中　T——流水施工工期；

$\sum K$——各施工过程(或专业工作队)之间流水步距之和；

$\sum t_n$——最后一个施工过程(或专业工作队)在各施工段流水节拍之和；

$\sum Z$——组织间歇时间之和；

$\sum G$——工艺间歇时间之和；

$\sum C$——提前插入时间之和。

【例2.9】　某工厂需要修建4台设备的基础工程，施工过程包括基础开挖、基础处理和浇筑混凝土。设备型号与基础条件等不同，使得4台设备(施工段)的各施工过程有着不同的流水节拍(单位：周)见表2.5。

表 2.5　基础工程流水节拍表

施工过程	施 工 段			
	设备 A	设备 B	设备 C	设备 D
基础开挖	2	3	2	2
基础处理	4	4	2	3
浇筑混凝土	2	3	2	3

【解】:从流水节拍的特点可以看出,本工程应按无节奏流水施工方式组织施工。

①确定施工流向由设备 A→B→C→D,施工段数 $m=4$。

②确定施工过程数 $n=3$,包括基础开挖、基础处理和浇筑混凝土。

③采用"累加数列错位相减取大差法"求流水步距。

a. 求各施工过程流水节拍的累加数列

施工过程Ⅰ:2,5,7,9

施工过程Ⅱ:4,8,10,13

施工过程Ⅲ:2,5,7,10

b. 错位相减求得差数列

$$
\begin{array}{lrrrrr}
\text{Ⅰ与Ⅱ}: & 2, & 5, & 7, & 9 & \\
-) & & 4, & 8, & 10, & 13 \\
\hline
B_{1,2}=\max[& 2, & 1, & -1, & -1, & -13]=2
\end{array}
$$

$$
\begin{array}{lrrrrr}
\text{Ⅱ与Ⅲ}: & 4, & 8, & 10, & 13 & \\
-) & & 2, & 5, & 7, & 10 \\
\hline
B_{2,3}=\max[& 4, & 6, & 5, & 6, & -10]=6
\end{array}
$$

④计算流水施工工期

$$T=\sum K+\sum t_0+\sum Z+\sum G-\sum C$$
$$=(2+6)+(2+3+2+3)=18(\text{周})$$

⑤绘制无节奏流水施工进度图,如图 2.18 所示。

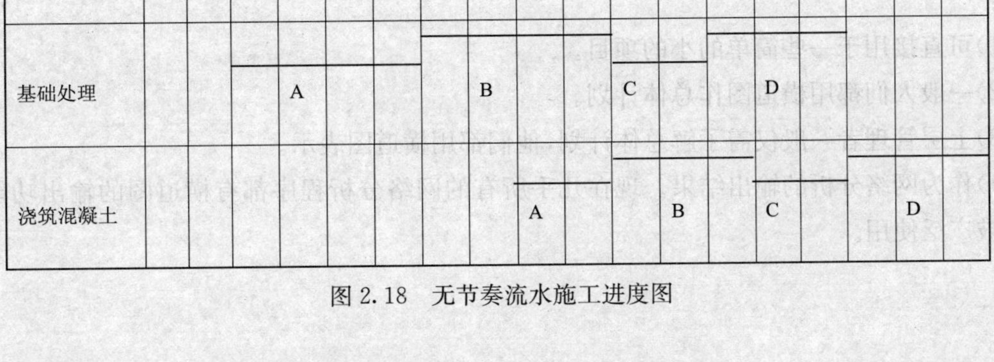

施工过程	施工进度（周）																	
	1	2	3	4	5	6	7	8	9	10	11	12	13	14	15	16	17	18
基础开挖	A			B		C			D									
基础处理				A				B			C			D				
浇筑混凝土									A				B		C		D	

图 2.18　无节奏流水施工进度图

无节奏流水施工其基本的组织方法是统一控制整个工程的总平均速度,再按分别流水的原则处理各施工过程的搭接关系。无节奏流水的各个参数以及总工期的确定,都必须通过对专业施工队逐个落实,反复调整,才能得到满意的结果。

项目小结

1. 本项目主要介绍了公路施工过程的组成以及施工过程的组织原则、施工过程的时间组织、空间组织和流水作业的施工原理、类型以及工期的计算。

2. 本项目的重点:约—贝法则在实际工作中的运用及流水作业。

3. 本项目的难点:流水施工的重要参数包括全等节拍流水、成倍节拍流水、分别流水、无节拍流水等施工工期的计算。

项目拓展

横　道　图

横道图是用横道表示施工进度的图形。

1. 优点

1)形象直观,能够清楚表达工作开始时间、结束时间和持续时间。

2)使用方便,制作简单。

3)不仅能够安排工期,而且可以与劳动力计划、资源计划、资金计划相结合。

2. 缺点

1)很难表达工作之间的逻辑关系,即工作之间的前后顺序及搭接关系不能确定。

2)不能表示工作的重要性,如哪些工作是关键工作,哪些工作有推迟或拖延的余地(非关键工作)。

3)横道图上所能表达的信息量较少,无法方便地表达出活动的最迟开始和结束时间。

4)不便用计算机处理,即对一个复杂的工程不能进行工期计算,更不能进行工期方案的优化。

横道图的优缺点,决定了它既有广泛的应用范围和很强的生命力,同时又有一定的局限性:

1)可直接用于一些简单的小的项目。

2)一般人们都用横道图作总体计划。

3)上层管理者一般仅需了解总体计划,他们都用横道图表示。

4)作为网络分析的输出结果。现在几乎所有的网络分析程序都有横道图的输出功能,而且它被广泛使用。

项目训练

1. 工程项目施工作业的方式有哪些? 有哪些特点?

2. 流水施工的主要参数有哪些?

3. 某路面工程 5 km,划分为四个施工段施工。垫层施工的持续时间 12 d,基层 20 d,面层 20 d,保护层 8 d。计算总工期,并绘制施工进度图。

项目3 施工组织设计

项目描述

  施工组织设计是针对一个拟建工程施工过程的复杂性,用系统的思想并遵循技术经济规律,来指导该拟建工程进行施工准备和施工过程中各阶段、各环节以及所需要的各种资源进行统筹安排的技术经济文件。它努力使复杂的生产过程,通过科学、经济、合理的规划安排,达到建设项目能够连续、均衡、协调地进行施工,满足建设项目对工期、质量及投资方面的各项需求,符合好、快、省、安全的要求。

  铁路、公路施工组织设计是铁路、公路工程基本建设项目在设计、施工阶段必须提交的技术文件,是准备、组织指导施工和编制施工作业计划的基本依据,是指导设计、招标、投标、施工准备和正常施工的基本技术经济文件,是施工组织管理中的重要环节之一。

  本项目主要描述工程施工组织设计的基本概念、分类及任务;施工组织设计的内容、作用;针对铁路工程施工项目,其施工组织设计文件的组成;施工组织设计的编制要求、原则、依据、编制程序等;对施工组织设计中的重要内容部分,作了详细介绍,如施工的总体部署、施工方案的制定、施工进度计划的编制、资源需求计划编制以及施工现场平面图的绘制;本项目同时也对施工组织设计的技术经济评价方法作了一些介绍。

教学目标

知识目标

1. 掌握工程施工组织设计概念及其基本任务;
2. 掌握铁路工程施工组织设计文件的组成;
3. 掌握工程施工组织设计的分类及其主要内容;
4. 掌握工程施工组织设计编制的原则、程序及编制的方法;
5. 掌握工程施工组织设计的技术经济评价方法。

技能目标

1. 能够根据工程特点,准确计算工程量;
2. 能够根据工程实际情况,制定切实可行的施工方案;
3. 能够根据工程实际情况编制施工进度计划、资源需要计划;
4. 能根据工程实际情况绘制施工进度图和施工现场平面布置图;
5. 能够对施工组织设计进行技术经济分析和评价。

素质目标

1. 培养学生强烈的自学、拓展学习和向他人学习的能力;
2. 培养学生吃苦耐劳、谦虚谨慎、务实合作的工作作风;
3. 让学生具有一定的协调、组织管理和社会人际交际能力;
4. 培养学生一定的文字功底、口头表达能力。

典型工作任务 3.1　施工组织设计概述

3.1.1　工作任务

通过本任务的学习,学生要掌握施工组织设计的基本概念、分类及任务;掌握施工组织设计的内容以及铁路工程施工组织设计文件的组成;了解施工组织设计的作用。

3.1.2　相关配套知识

1. 施工组织设计概念

施工组织设计是指工程项目在开工之前,根据设计文件及业主和监理工程师的要求,以及主客观条件,对拟建工程项目施工的全过程在人力和物力、时间和空间、技术和组织等方面所进行的一系列筹划和安排。它是指导拟建工程项目进行施工准备和正常施工的基本技术经济文件。

施工组织设计作为指导拟建工程项目的全局性文件,应尽量适应施工安装过程的复杂性和具体施工项目的特殊性,并且尽可能保持施工生产的连续性、均衡性和协调性,以实现生产活动的最佳经济效果。

施工过程的连续性是指施工过程的各阶段、各工序之间,在时间上具有紧密衔接的特性。保持生产过程的连续性,可以缩短施工周期、保证产品质量和节约流动资金占用。

施工过程的均衡性是指项目的施工单位及其各施工生产环节,具有在相等的时段内,产出相等或稳定递增的特性,即施工生产各环节不出现前松后紧、时松时紧的现象。保持施工过程的均衡性,可以充分利用设备和人力,减少浪费,保证生产安全和产品质量。

施工过程的协调性也称施工过程的比例性,是指施工过程的各阶段、各环节、各工序之间,在施工机具、劳动力的配备及工作面积的占用上保持适当比例关系的特性。施工过程的协调性是施工过程连续性的物质基础。施工过程只有按照连续生产、均衡生产和协调生产的要求去组织,才能顺利地进行。

施工组织设计除安排和指导施工外,又是体现设计意图,督促检查工作及编制概、预算的依据。因此施工组织设计必须具备下列性质:

(1)合理性。确定的原则和事项既符合当前施工队伍的技术水平和装备能力,又具备一定的先进水平,通过努力是可以达到的。

(2)严肃性。一经鉴定或审批成立,即具有法定效力,必须严格执行,不得任意违背,如遇特殊情况必须变更时,需提出理由报请原批准单位审查批准。

(3)实践性。编制的原则和依据不是一成不变的,应贯彻从实际出发,认真调查研究的工作方法。施工组织设计应随着工人熟练程度及劳动生产率的提高,施工方法的改善,新工具、新设备的出现而不断改变,它与长期不变的结构设计是不同的。

2. 施工组织设计的分类及其任务

施工组织设计按编制的对象不同分为施工组织总设计、单位工程施工组织设计和分部(分项)工程施工组织设计。其中分部(分项)工程施工组织设计有时也称为施工方案。

1)施工组织总设计

施工组织总设计是以整个建设工程项目(如一个工厂、一个机场、一条道路工程、一条铁路线等)或者建筑群为对象而编制的。其目的是对整个工程的施工进行全面规划,指导全场性的施工准备和施工计划,开展施工活动。它一般是依据初步设计或扩大初步设计以及现场施工条件,由总承包单位的总工程师负责,会同建设、设计和分包单位的工程师共同编制的,它也是施工单位编制年度施工计划和单位工程施工组织设计的依据。施工组织总设计确定了拟建工程的工期、施工顺序、主要施工方法及现场施工总平面图,提出各种资源的需求量。

一般来说,所有的标前施工组织设计(包括设计单位、招标单位及施工单位的投标施工组织设计)均为方案性施工组织设计,即施工组织总设计。另外,常将上级单位下达给基层单位的施工组织设计统称为施工组织总设计或者指导性施工组织设计。

施工组织总设计的主要任务:

(1)确定最合适的施工方法和施工程序,以保证在合同工期内完成或提前完成施工任务。

(2)及时而周密地做好施工准备工作,供应工作和服务工作。

(3)合理地组织劳动力和施工机具,使其需要量没有骤增骤减的现象,同时尽量发挥其工作效率。

(4)在施工场地内最合理地布置生产、生活、交通等一切设施,最大限度地节约临时用地,节省生产时间,同时方便生活。

(5)施工进度计划及劳动力、机具、材料供应计划,要详细到按月安排,以便于具体进行组织供应工作。

施工组织总设计是编制施工预算的主要依据,是组织施工的总计划,所以,应使其尽可能符合客观实际,并随时根据客观情况的变化不断调整和修改。

2)单位工程施工组织设计

单位工程施工组织设计是以单位工程或单项工程(如一段道路、一座桥、一栋楼房等)对象编制的。在施工组织总设计的指导下,由直接组织施工的单位根据施工图设计进行编制,用以直接指导单位工程的施工活动,是施工单位编制分部(分项)工程施工组织设计和季、月、旬施工计划的依据。单位工程施工组织设计对单位工程施工中的人力、物力、建筑安装工作以及现场的施工布置方案等都做了详细的具体安排。

单位工程施工组织设计的任务是:

(1)它是用来直接指挥施工的计划,因此应具体制订出按工作日程安排的施工进度计划,这是它的核心内容。

(2)根据施工进度计划,具体计算出劳动力、机具、材料等的日程需要量,并规定工作班组及机械在作业过程中的移动路线及日程。

(3)在施工方法上,要结合具体情况考虑到工程细目的施工细节,具体到能按所定施工方法确定工序、劳动组织及机具配备。

(4)工序的划分、劳动力的组织及机具的配备,既要适应施工方法的需要,还要考虑工作班组的组织结构和设备情况,要最有效地发挥班组的工作效率,便于实行分项承包和结算,还要切实保证工程质量和施工安全。

(5)要考虑到当发生意外情况时留有调节计划的余地。如因故中途必须停止计划项目的施工时,要准备机动工程,调动原计划安排的班组继续工作,避免窝工。

单位工程施工组织设计,必须具体、详细,以达到指导施工的目的,但应避免过于复杂、繁琐。

3)分部(分项)工程施工组织设计(现场通常将这部分的施工组织设计称为"施工方案")。

分部(分项)工程施工组织设计,也称为分部(分项)工程作业设计或称分部(分项)工程施工设计,是以某些特别重要的、技术复杂的,或采用新工艺、新技术施工的分部(分项)工程(如大型深基础工程、大量土石方工程、定向爆破工程、特大构件的吊装等)为编制对象,用来指导施工活动的技术、经济文件。其内容具体、详细,可操作性强,是直接指导分部(分项)工程施工的依据。它使技术复杂的各种施工工作得到合理的安排,使各种设备能力得到发挥,保证施工工作得到顺利实施。一般在单位工程施工组织设计确定了施工方案后,由施工队技术队长负责编制。

分部(分项)工程施工组织设计很多在以下情况下进行:

(1)某些特别重要和复杂,或者缺乏施工经验的分部、分项工程,如复杂的桥梁基础工程、站场的道岔铺设工程、特大构件的吊装工程、隧道施工中的喷锚工程等。为了保证其施工的工期和质量,有必要编制专门的施工组织设计。但是,编制这种特殊的施工组织设计,其开工与竣工的工期,要与总体施工组织设计一致。

(2)对一些特殊条件下的施工,如严寒、雨季、沼泽地带和危险地区(如隧道中某段通过瓦斯地层的施工)等,需要采取一些特殊的技术措施,有必要为之专门编制施工组织设计,以保证施工的顺利进行,以及质量要求和人员的安全。

(3)某些施工时间较长的项目,即跨越几个年度的项目,在编制指导性施工组织设计或实施性施工组织设计时,不可能准确地预见到以后年度各种施工条件的变化,因而也不可能完全切实或详尽地进行施工安排。因此,需要对原定项目施工总设计在某一年度进行进一步具体化或做相应的调整与修正。这时,就有必要编制年度的项目施工组织设计,用以指导施工。

施工组织总设计是整个项目的龙头,是对整个工程项目施工的统盘规划,带有全局性的技术经济文件,应首先考虑和制订施工组织总设计。然后在这个指导文件框架下,再深入研究各个单位工程,从而制订单位工程施工组织设计,对其中技术复杂或结构特别重要的分部分项工程,还需要根据实际情况,编制若干个分部分项工程的施工组织设计。在编制项目施工组织总设计时,可能对某些因素和条件未预见到,而这些因素或条件却是影响整个部署的。这就需要在编制了局部的施工组织设计后,有时还要对全局性的施工组织总设计作必要的修正和调整。

表3.1对施工组织总设计、单位工程施工组织设计和施工方案进行了比较。

3. 施工组织设计作用

施工企业的现代化管理主要体现在经营管理素质和经营管理水平两个方面。施工企业的经营管理素质主要是竞争能力、应变能力、技术开发能力和扩大再生产能力等。施工企业的经营管理水平和计划与决策、组织与指挥、控制与协调和教育与激励等职能有关。经营管理素质和水平是企业经营管理的基础,也是实现企业目标、信誉目标、发展目标和职工福利目标的保证,同时经营管理又是发挥企业的经营管理素质和水平的关键过程。无论是企业经营管理的素质,还是企业经营管理水平的职能,都必须通过施工组织设计的编制、贯彻、检查和调整来实现。这充分体现了施工组织设计对施工企业的现代化管理的重要性,也在施工企业的现场施工过程中发挥重要作用。

表 3.1 施工组织总设计、单位工程施工组织设计、施工方案的区别

比较项 \ 类别	施工组织总设计	单位工程施工组织设计	施工方案
编制人及所处管理层次不同	项目总经理或指挥部指挥长组织编制	单位工程项目经理组织	单位工程专业工程师专业分包单位组织

类别 比较项	施工组织总设计	单位工程施工组织设计	施工方案
交底对象不同	项目管理总部或指挥部管理人员及单位工程项目经理部管理领导	项目经理部管理人员及分包单位管理领导	项目经理部相关管理人员及分包单位管理人员
编制内容不同	针对所有单位工程的总管理计划,提出对每个单位工程管理总要求——比较宏观	在总管理计划指导下针对某个单位工程管理的具体要求,提出其分部分项工程的管理总要求	在单位工程管理计划的指导下针对分部或分项工程的管理计划——较为细化的管理计划

施工组织设计是对施工活动实行科学管理的重要手段,它具有战略部署和战术安排的双重作用。对一个项目进行全面策划和管理,具有规划作用。协调施工过程中各施工单位、各施工工种、各项资源之间的相互关系,具有组织作用。同时对建设单位、监理单位的工作也有相应的指导作用。具体表现在:

(1)施工组织设计是施工准备工作的一项重要内容,同时又是指导各项施工准备工作的依据。

(2)施工组织设计可体现实现基本建设计划和设计的要求,进一步验证设计方案的合理性和可行性。

(3)施工组织设计为拟建工程确定的施工方案、施工进度等,是指导开展紧凑、有秩序施工活动的技术依据。

(4)施工组织设计所提出的各项资源需要量计划,直接为物资供应工作提供数据。

(5)施工组织设计对现场所作的规划与布置,为现场的文明施工创造了条件,并为现场平面管理提供了依据。

(6)施工组织设计为各阶段进行投资测算的依据。

(7)施工组织设计对施工企业的施工计划起决定和控制性的作用。施工计划是根据施工企业对建筑市场所进行科学预测和中标的结果,结合本企业的具体情况,制定出的企业不同时期应完成的生产计划和各项技术经济指标。而施工组织设计是按具体的拟建工程的开竣工时间编制的指导施工的文件。因此,施工组织设计与施工企业的施工计划两者之间有着极为密切、不可分割的关系。施工组织设计是编制施工企业施工计划的基础,反过来,制定施工组织设计又应服从企业的施工计划,两者是相辅相成、互为依据的。

(8)它是统筹安排施工企业生产的投入与产出过程的关键和依据。

(9)通过编制施工组织设计,可充分考虑施工中可能遇到的困难与障碍,主动调整施工中的薄弱环节,事先予以解决或排除,从而提高了施工的预见性,减少了盲目性,使管理者和生产者做到心中有数,工作处于主动地位。

4. 施工组织设计内容

施工组织设计的基本内容一般由三部分组成:文字说明、图纸和相关计划表。不同的施工组织设计有不同的内容,具体取决于它的目的、任务及作用。下面对常见的施工组织总设计、单位工程施工组织设计和分部(分项)工程施工组织设计的基本内容加以阐述:

1)施工组织总设计主要内容

(1)编制依据和编制范围

主要包括:国家法律、法规和行业主管部门规章制度;国家对本项目的批复文件;本项目采用的标准、规范、规程等;行业主管部门与地方政府的有关协议、纪要等;行业主管部门对本项目批复文件;勘察设计合同以及合同的有效组成文件;科学研究及试验成果;当前类似工程建设的技术水平、管理水平和施工装备水平;施工组织调查报告。编制范围主要包括:正线起迄地点、里程、长度等;枢纽、联络线等相关工程。

(2)建设项目的工程概况

主要包括建设项目特征(项目性质、规模、建设地点、工期、交付使用条件等)、建设地区自然和人文特征(地形地貌、地质、水文、气象、交通、民俗文化、经济情况等)、其他内容(合同、土地征用情况、场地平整情况等)。

(3)施工部署及其核心工程的施工方案

根据工程情况,结合现场条件和本单位实际情况,全面部署施工任务,合理安排施工顺序,确定主要工程的施工方案。对核心工程可能采用的几个施工方案进行定性、定量的分析,通过技术经济评价,选择最佳方案,明确施工准备工作的规划。包括工程概况,施工方法,施工装备,施工顺序和作业空间规划,劳动及作业组织方式,关键工序施工工艺及质量控制,施工难点和应注意的问题等。

(4)全场性施工准备工作计划

包括施工组织机构及职责分工、队伍部署和任务划分,人力、物力、财力上的保障措施。总体施工顺序及主要阶段工期安排,施工总平面布置示意图、总体施工组织形象宣传图、总体施工进度计划横道图、网络图等图表。

(5)施工总进度计划

施工进度计划反映了最佳施工方案在时间上的安排,采用计划的形式,使工期、成本、资源等方面,通过计算和调整达到优化配置,符合项目目标的要求。在此基础上编制相应的人力和时间安排计划、资源需求计划和施工准备计划。

(6)各项资源需求量计划

包括主要工程材料设备采购供应方案、分年度主要材料设备计划、关键施工装备的数量及进场计划、劳动力计划、资金使用计划等。

(7)全场性施工总平面图设计

施工平面图是施工方案及施工进度计划在空间上的全面安排。它把投入的各种资源、材料、构件、机械、道路、水电供应网络、生产、生活活动场地及各种临时工程设施合理地布置在施工现场,使整个现场能有组织地进行文明施工。

(8)主要技术经济指标

项目施工工期、劳动生产率、项目施工质量、项目施工成本、项目施工安全、机械化程度、预制化程度、暂设工程等。它是对施工组织设计文件的技术经济效益进行全面评价。

2)单位工程施工组织设计主要内容

(1)工程概况及施工特点分析;

(2)施工方案的选择;

(3)单位工程施工准备工作计划;

(4)单位工程施工进度计划;

(5)各项资源需求量计划;

(6)单位工程施工总平面图设计;

(7)技术组织措施、质量保证措施和安全施工措施;

(8)主要技术经济指标(工期、资源消耗的均衡性、机械设备的利用程度等)。

3)分部(分项)工程施工组织设计的主要内容

(1)工程概况及施工特点分析;

(2)施工方法和施工机械的选择;

(3)分部(分项)工程的施工准备工作计划;

(4)分部(分项)工程的施工进度计划;

(5)各项资源需求量计划;

(6)技术组织措施、质量保证措施和安全施工措施;

(7)作业区施工平面布置图设计。

5. 铁路工程施工组织设计文件组成

对于铁路工程,其指导性施工组织设计和实施性施工组织设计的文件的构成基本类似。我们将这两种施工组织设计的文件组成用表 3.2 加以对比(表中打"√"表示包含该内容)。

表 3.2　铁路工程施工组织设计文件组成内容表

编号	主要内容	指导性施工组织设计	实施性施工组织设计	备注
一	编制依据、编制范围及设计概况	√	√	
(一)	编制依据	√	√	
(二)	编制范围	√	√	
(三)	设计概况	√	√	
二	工程概况	√	√	
(一)	线路概况(附地理位置图)	√	√	
(二)	主要技术标准	√	√	
(三)	主要工程内容数量	√	√	
(四)	征地拆迁数量、类别,特殊拆迁项目情况	√	√	
(五)	工程特点	√	√	
(六)	控制工程及重难点工程	√	√	
三	建设项目所在地区特征	√	√	
(一)	自然特征(地形地貌、地质、水文、气象等)	√	√	
(二)	交通运输情况	√	√	
(三)	沿线水源、电源、燃料等可利用资源情况	√	√	
(四)	当地建筑材料的分布情况	√	√	
(五)	其他与施工有关的情况(卫生防疫、地区性疾病、民俗等)	√	√	
四	施工组织安排	√	√	
(一)	建设总体目标(安全、质量、工期、环保等)	√	√	
(二)	建设组织机构和业务划分	√		
	施工组织机构、队伍部署和任务划分		√	
(三)	总体施工安排和主要阶段工期	√	√	
(四)	施工准备和建设协调方案	√		
(五)	各专业工程施工工期	√		

编号	主要内容	指导性施工组织设计	实施性施工组织设计	备注
（六）	分项工程施工进度计划	√	√	
（七）	工程接口及配合	√	√	
（八）	联调联试及运行试验	√	√	
（九）	施工总平面布置示意图（含线路纵断面伸缩图）、总体形象进度图、横道图、网络图等	√	√	
五	大型临时工程和过渡工程	√		
	临时工程和过渡工程		√	
（一）	大型临时工程	√	√	
1	铺轨基地（存砟场）、制（存）梁场、轨道板（双块式轨枕）预制场、材料厂、钢梁拼装场	√	√	
2	铁路岔线、铁路便线、便桥、汽车运输便道（含运梁便道）	√	√	
3	混凝土集中拌合站、填料拌合站	√	√	
4	临时通信、电力线路、给水干管，临时渡口、码头栈桥及其他	√	√	
（二）	过渡工程	√	√	
（三）	小型临时工程		√	
六	控制工程和重难点工程（包括高风险工程）施工方案	√	√	
（一）	××××重点土石方	√	√	
（二）	××××桥梁	√	√	
（三）	××××隧道	√	√	
……	…………		√	
七	施工方案	√	√	
（一）	施工准备	√	√	
（二）	路基工程	√	√	
（三）	桥涵工程	√	√	
（四）	隧道工程	√	√	
（五）	枢纽和站场工程	√	√	
（六）	轨道工程	√	√	
（七）	通信工程	√	√	
……	…………		√	
八	资源配置方案	√		
（一）	主要工程材料设备采购供应方案		√	
（二）	分年度主要材料设备计划		√	
（三）	关键施工装备的数量及进场计划	√	√	
（四）	劳动力计划	√	√	
（五）	投资计划	√	√	
（六）	临时用地与施工用电计划	√	√	

编号	主要内容	指导性施工组织设计	实施性施工组织设计	备注
九	管理措施	√	√	
(一)	标准化管理	√	√	
(二)	质量管理措施	√	√	
(三)	安全管理措施	√	√	
(四)	工期控制措施	√	√	
(五)	投资控制措施	√	√	
(六)	环境保护措施	√	√	
(七)	文物保护措施	√	√	
……	……		√	
十	引用的设计文件与施工规范	√	√	
(一)	设计文件	√	√	
(二)	施工规范	√	√	
十一	进一步研究解决的问题及建议	√	√	
十二	施工组织图表	√	√	
(一)	附表	√	√	
(二)	附图(施工现场平面图、线路纵横断面图、横道图)	√	√	
(三)	附件	√	√	

典型工作任务 3.2　施工组织设计的编制

3.2.1　工作任务

通过本任务的学习,学生需要掌握施工组织设计的编制流程;能够进行施工方案的制定、施工进度计划的编制、资源需求计划的编制和施工现场平面图的设计。

3.2.2　相关配套知识

1. 施工组织设计的编制要求

施工单位在参加工程投标时,根据工招标文件的要求,结合本单位的具体情况,需要编制针对投标项目的施工组织设计。中标后,在施工开始之前,施工单位还要进行重新审查、修订或重新编制施工组织设计,通常把这一阶段的施工组织设计成为指导性施工组织设计。针对施工企业而言,编制指导性施工组织设计非常重要,很大程度上决定了项目能否中标。因此,编制指导性施工组织设计的要求非常高,具体体现在以下几方面:

1)编制指导性施工组织设计要做到四个一致

投标人的施工组织设计必须满足业主要求。工程招标文件对编制施工组织设计一般都有很细致的规定,不符合规定的、违背业主意图的投标书,被视为严重错误,作为废标处理。为了避免这种情况的出现,编制指导性施工组织设计必须做到四个一致,即与招标文件的要求一致,与设计文件的要求一致,与现场设计情况一致,与评标办法一致。

2)施工组织设计要能反映企业的综合实力,施工方案应科学合理、先进可行,措施得力可靠

投标施工组织设计的目的就是要让业主了解企业的组织和管理水平,反映企业的综合实力。施工组织设计中的施工方案、施工方法及各项保证措施,反映了一个企业施工能力的强弱,施工经验丰富与否,能否让业主放心。为此,参加编制人员应掌握技术、管理方法的信息,了解施工现场情况,熟悉和了解当今国内外的先进施工机械、施工方法、施工工艺和新材料等,掌握施工程序及施工方法,科学合理地编制施工进度、安排施工顺序、优化配置劳动力和机械设备,做到在保证合同工期的前提下,充分发挥资源作用。

3)指导性施工组织设计要注重表达方式的选择,做到图文并茂

在标书中的施工组织设计一定要有其独到的表达方式。如果太冗长、重点不突出,提纲紊乱、不一致,逻辑性不强,那么施工方法再先进,方案再科学,评委也不会给高分。

4)施工组织设计按程序审核和校对,消除低级错误(不应该出现的错误)

指导性施工组织设计的编制是一个紧张的过程,人们的注意力偏重在自己工作的狭窄方面,形成定式思维,对低级错误视而不见。消除低级错误的方法之一是依靠编制人员的细心和经验,按照程序自行检查校对。方法之二是要坚持换手检查和校对,很多低级错误换人检查很容易发现,换手检查效果非常明显。一般容易犯的低级错误有:关键名词采用口语化、简略化,不按招标文件写;开工、竣工时间与招标文件有差异,施工进度前后不一致(尤其是修改工期后,总有一部分工期遗漏改正);摘抄其他标书时地名、工程名称,不能完全改过来,多人编写的标书前后不一致。

5)当工程项目中标后,在编制实施性施工组织设计时,技术负责人应组织有关施工技术人员、物资装备管理人员、工程质检人员学习并熟悉合同文件和设计文件,将编制任务分工落实,限时完成且应有考核措施。

6)对一些局部困难、工艺新颖、危险性高的施工方法,应附有缩小比例的工程主要结构物平面图和立面图。若工程地质情况复杂,可附上必要的地质资料(或图件、岩土力学性能试验报告等)。

7)多人合作编制的施工组织设计,必须由工程技术主管统一审核,以免重复叙述或遗漏等。

8)在工程实施中,如果选择的施工方案与投标时的施工方案有较大差异,应将选择的施工方案征得监理工程师和业主的认可。

9)施工组织设计应在要求的时间内完成。

2. 施工组织设计的编制原则

1)重视施工组织设计对施工的重要性

施工组织设计是项目建设和指导工程施工的重要文件,是施工企业单位能以高质量、高速度、低成本、少消耗完成工程项目的有力保证措施,也是加强管理、提高经济效益的重要手段,也是很正确处理施工中人员、机器、原料、方法、环境及工艺与设备、土建与安装协作、消耗与供应、管理与生产等各种各样的矛盾科学合理地、计划而有序地、均衡地组织项目施工生产的重要保障。

2)严格执行施工程序

认真贯彻党和国家对工程建设的各项方针和政策,严格执行建设程序。严格遵守合同条款或上级下达的施工期限、质量要求、安全目标、环保要求和造价控制,保质保量按期完成施工

任务。对工期较长的关键项目,要根据施工情况编制单项工程的施工组织设计,以确保总工期。全面规划,统筹安排,保证重点,优先安排控制工期的关键工程。严格遵守施工规范、规程和制度。

3)科学安排施工顺序

坚持科学的施工程序和合理的施工顺序。根据工程特点和工期要求,因地制宜地采用快速施工、平行作业。对于复杂工程及控制工期的大中桥涵及高填方部位,通过网络计划进行优化,找出最佳的施工组织方案。科学配置资源,合理布置现场,确保施工安全,实现文明施工。采取季节性施工措施,落实冬、雨季施工的措施,确保全年连续施工,全面平衡工人、材料的需要量,力求实现均衡生产。

4)重视管理创新和技术创新

随着社会的发展,施工行业的竞争越来越激烈,企业要想在激烈的市场中处于优势,就必须要重视施工管理的创新,用新的理念和方法做好施工管理工作,为工程的质量提供一定的保障,进一步促进企业的发展。同时,在施工技术上积极开发、使用新技术和新工艺,推广应用新材料和新设备(在目前市场经济条件下,企业应当积极利用工程特点,组织开发、创新施工技术和施工工艺)。积极采用国内外先进的施工技术,不断提高施工机械化、预制装配化,减轻劳动强度,提高劳动生产率。

5)合理布置施工平面图

精打细算、开源节流,充分利用现有设施,尽量减少临时工程和施工用地,做到暂设工程与既有设施相结合、与正式工程相结合。同时,要注意因地制宜,就地取材,以求尽量减少消耗,降低生产成本,提高经济效益,达到合理的经济技术指标。

6)重视职业健康安全

编制施工组织设计时,与质量、环境和职业健康安全三个管理体系有效结合。为保证持续满足过程能力和质量保证的要求,国家鼓励企业进行质量、环境和职业健康安全管理体系的认证制度,且目前该三个管理体系的认证在我国的施工行业中已较普及,并且建立了企业内部管理体系文件,编制施工组织设计时,不应违背上述管理体系文件精神。

3. 施工组织设计的编制依据

1)与所建设的工程项目相关的国家法律、法规和政府文件

在工程建设中,设计单位、施工企业需要遵守国家的相关法律和行业法规、条例,如《中华人民共和国建筑法》、《中华人民共和国环境保护法》、《中华人民共和国消防法》、《建设工程质量管理规定》等。某些地方政府,政府部门还会针对本地区的实际情况制定一些相关的行业规定。

2)国家现行有关标准和技术经济指标

如今,很多行业都制定了技术标准,有的标准还属于国家标准,属于强制执行。在编制施工组织设计时,需要严格遵守建设行业的技术标准和规范,如《建筑工程施工质量统一验收标准》(GB 50300—2001)、《混凝土结构工程施工质量验收规范》(GB 50204—2002)、《建筑变形测量规程》(JGJ8—2016)等。对于技术经济指标而言,主要是指各地方的概预算定额和相关规定。虽然建筑行业目前使用了清单计价的方法,但各地方制定的概预算定额在造价控制、材料和劳动力消耗等方面仍起一定的指导作用。

3)工程施工合同和招投标文件

施工合同和招投标文件对项目的工期、质量和概预算要求做了明确规定,也对甲乙双方的

权利、责任和义务进行明确。重点弄清施工项目的承包范围(包括各单项工程和单位工程的名称、专业内容、工程结构、开竣工日期等)、设计图纸供应(明确甲方交付的日期和份数以及设计变更通知办法)、物资供应分工(明确各类材料、主要机械设备、安装设备等的供应分工和供应办法等)以及合同标书专门制定的技术规范和质量标准。

4)工程设计文件

工程设计是根据建设工程和法律法规的要求,对建设工程所需的技术、经济、资源、环境等条件进行综合分析、论证,编制建设工程设计文件,提供相关服务的活动。包括总图、工艺设备,建筑、结构、动力、储运、自动控制、技术经济等工作。

5)建设地区的基础资料

工程施工范围内的现场条件,工程地质、水文地质、气象等自然条件,工程施工区的地形图及测量控制网等。

6)与工程有关的现场资源供应情况

建设项目所在地的生活用水供应、电力供应、机具设备供应、就近生产劳动力供应、就近的运输供应及生活所需的物品供应等。

7)施工企业的生产能力、机具设备状况、技术水平等

结合自身施工企业的生产能力、管理能力、重大的机具设备拥有量及运行状况、企业内部技术人员的数量、技术能力和水平等,编制出符合施工企业本身能力、具有较强的可行性和可操作性的施工组织设计。

8)类似建设工程项目的资料和经验

充分应用类似建设工程项目的新成果、资料和经验,能够借鉴尽量借鉴,以减少不必要的技术开发成本和时间成本。

4. 施工组织总设计的编制程序

施工组织总设计编制程序如图 3.1 所示。

具体要求及说明如下:

1)收集、熟悉资料和图纸,现场勘察

收集和熟悉编制施工组织设计所需的有关资料(如投标文件、合同、技术设计等)和图纸(如施工区地形图、设计图、地质调查图等),进行项目特点和施工条件的调查研究。主要进行自然调查和施工条件调查。其中自然调查需要调查地形情况、地质情况、气象水文状况等。施工条件调查需要调查运输状况、施工需要的动力资源及生活物资供应调查、劳动力。

及建筑材料供应调查、建筑设计及社会环境服务调查、拆迁建筑物调查、征用占用土地调查、管线调查和路线交叉调查等。

2)计算工程量

在指导性施工组织设计中,通常是根据概算指标或类似工程计算工程量,不要求很精确,也不要求作全面计算,只要抓住几个主要项目就基本上可以满足要求,如土石方、混凝土、砂石料、机械化施工量等;而实施性施工组织设计则要求

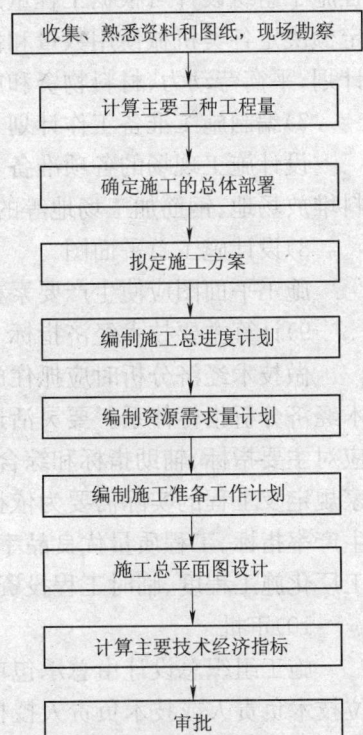

图 3.1　施工组织设计编制程序

收集、熟悉资料和图纸,现场勘察

计算主要工种工程量

确定施工的总体部署

拟定施工方案

编制施工总进度计划

编制资源需求量计划

编制施工准备工作计划

施工总平面图设计

计算主要技术经济指标

审批

计算准确,这样才能保证劳动力和资源需求量计算得正确,便于设计合理的施工组织与作业方式,保证施工生产有序、均衡地进行。同时,许多工程量在确定了方法以后可能还需修改,如土方工程的施工由利用挡土板改为放坡以后,土方工程量即应增加,而支撑工料就将全部取消。这种修改可在施工方法确定后一次进行。

3)确定施工总体部署

明确施工管理总体目标,确定施工组织机构和总承包项目管理组织架构,施工队伍的部署及任务划分。施工顺序的总体安排,如路基工程(先路堑后路堤、分区段施工等)、站后工程(先施工生产房屋,再施工生活房屋;先施工站场,再施工货场等)。

4)拟定施工方案

在指导性施工组织设计中一般只需对重大问题作出原则性规定即可,如对隧道工程只确定用全断面开挖或喷锚支护或其他开挖方法,在工期上只规定开工与竣工日期,在各单位工程中规定它们之间的衔接关系和使用的主要施工方法;实施性施工组织设计则是对指导性施工组织设计的原则进一步具体化,着重研究采用何种施工方法,确定选用何种施工机械。

5)编制施工总进度计划

根据流水作业的基本原理,按照工期要求、工作面的情况、工程结构对分层分段的影响以及其他因素,组织流水作业,决定劳动力和机械的具体需要量以及各工序的作业时间,编制网络计划,并按工作日排出施工进度。

6)编制资源需求量计划

施工组织总设计可根据工程和有关的指标或定额计算,并且只包括最主要的内容,计算时要留有余地,以避免在单位工程施工前编制单位工程施工组织设计时与之发生矛盾。单位工程施工组织设计可根据工程量定额或过去积累的资料,决定每天的工人需要量。按机械台班定额决定各类机械使用数量和使用时间,技术材料和加工预制品的主要种类和数量及其供应计划,平衡劳动力、材料物资和施工机械的需要量。

7)编制施工准备工作计划

设计施工现场的各项准备,如水、电、道路、仓库、施工人员住房、修理车间、机械停放库、材料堆放场地、钢筋加工场地等的位置和临时建筑。

8)设计施工总平面图

施工平面图应使生产要素在空间上的位置合理、互不干扰,能加快施工进度。

9)计算主要技术经济指标

做技术经济分析时应抓住施工方案,施工进度计划和施工平面图三大重点,并据此建立技术经济分析指标体系。要灵活运用定性方法和有针对性地应用定量方法。在作定量分析时,应对主要指标、辅助指标和综合指标区别对待。技术经济分析应以设计方案的要求,有关的国家规定及工程的实际需要为依据。施工组织设计中技术经济指标有以下内容:工期指标、劳动生产率指标、工程质量优良品率、降低成本指标、安全指标、机械化施工程度、施工机械完好率、工厂化施工程度、临时工程投资比例、临时工程费用比例、节约三大材料百分比等。

10)审批

施工组织总设计由总承包单位的技术负责人负责审批;单位工程施工组织设计由施工单位技术负责人或技术负责人授权的技术人员负责审批,施工方案应由项目技术负责人审批;重点、难点分部(分项)工程和专项工程施工方案应由施工单位技术部门组织相关专家评审,施工单位技术负责人批准。

以上顺序中有些顺序必须这样，不可逆转。如：拟定施工方案后才可编制施工总进度计划（因为进度的安排取决于施工的方案）；编制施工总进度计划后才可编制资源需求量计划（因为资源需求量计划要反映各种资源在时间上的需求）。

但是在以上顺序中也有些顺序应该根据具体项目而定，如确定施工的总体部署和拟订施工方案，两者有紧密的联系，往往可以交叉进行。

5. 施工总体部署

施工总体部署是指对项目实施过程做出的统筹规划和全面安排，包括项目施工主要目标、施工顺序及空间组织、施工组织安排等。施工组织总设计应对项目总体施工做出下列宏观部署：确定项目施工总目标，包括进度、质量、安全、环境和成本等目标；根据项目施工总目标的要求，确定项目分阶段（期）交付的计划；确定项目分阶段（期）施工的合理顺序及空间组织。对于项目施工的重点和难点应进行简要分析。总承包单位应明确项目管理组织机构形式，并宜采用框图的形式表示。对于项目施工中开发和使用的新技术、新工艺应做出部署。对主要分包项目施工单位的资质和能力应提出明确要求。

1）施工总目标

根据招投标文件、合同文件及设计文件，优化施工组织，保质量完成所有合同工程量，创造经济效益，增强企业实力。确定质量目标、工期目标、安全目标、文明施工及环保目标。

2）确定项目分阶段（期）施工顺序、交付计划

对于大型工程项目，为保证整个项目按期交付完成，一般要根据建设项目总目标的要求，分期分批建设，至于分几期施工，各期工程包含的项目，则要根据施工工艺要求、工程规模大小和施工难易程度、资金、技术等情况，由建设单位和施工单位研究确定。对于分阶段（期）建设的项目，需要在施工总体部署中明确分阶段（期）施工项目的合理顺序及空间组织。

3）拟定重难点工程实施方案

拟定主要工程实施方案的目的是为了进行技术和资源的准备工作，同时也为了施工顺利进行和现场的合理布局。其内容主要包括：

（1）确定施工方法；

（2）确定施工工艺流程；

（3）选择施工机械设备。

4）明确施工任务划分与施工组织机构安排

在明确施工项目体制、机构的条件下，划分各参与施工单位的施工任务，明确总包与分包单位的关系。确定综合的和专业的施工组织，明确各施工单位之间的分工协作关系，划分施工阶段，确定各施工单位分期分批的主导施工项目和穿插施工项目。建立施工现场统一组织领导机构及职能部门，并采用框图形式表示组织架构图。

5）明确主要工程的承包单位的资质

为保证整个建设项目的质量，在施工组织的总体部署中必须明确主要工程的承包单位的施工资质（如总承包的资质、专业承包的资质、劳务分包的资质等）和建设能力。

6. 制订施工方案

施工方案是根据设计图纸和说明书，决定采用哪种施工方法和机械设备，以何种施工顺序和作业组织形式来组织项目施工活动的计划。施工方案确定了，就基本上确定了整个工程施工的进度、劳动力和机械的需要量、工程的成本等。所以施工方案的优劣，在很大程度上决定了施工组织设计质量的好坏和施工任务能否圆满完成。施工方案包括：施工方法的选择、施工

机具和设备的选择与优化、施工顺序的安排、科学的施工组织、合理的施工进度、现场的平面布置及各种技术措施。施工方案前两项属于施工技术问题,后四项属于科学施工组织和管理问题。

1)施工方案制定原则

(1)制定方案首先必须从实际出发,符合现场的实际情况,有实现的可能性。所制订方案在资源、技术上提出的要求应该与当时已有的条件或在一定时间能争取到的条件相吻合,否则是不能实现的。

(2)施工方案的制订必须满足合同要求的工期。

(3)施工方案的制订必须确保工程质量和施工安全。工程建设是百年大计,要求质量第一,保证施工安全是员工的权利和社会的要求。因此,在制订方案时应充分地考虑工程质量和施工安全,并提出保证工程质量和施工安全的技术组织措施,使方案完全符合技术规范、操作规范和安全规程的要求。如在方面制订工序质量控制标准、岗位责任制与经济责任制和质量保障体系等。

(4)在合同价控制下,尽量降低施工成本,是方案更加经济合理,增加施工生产的盈利。从施工成本的直接费和间接费找出节约的途径,采取措施控制直接消耗,减少非生产人员,挖掘潜力,使施工费用降低到最低的限度,不突破合同价,取得好的经济效益。

2)确定施工方法

正确地选择施工方法是确定施工方案的关键。各个施工过程均可采用多种施工方法进行施工,而每一种施工方法都有其各自的优势和使用的局限性。我们的任务就是从若干可行的施工方法中选择最可行、最经济的施工方法。

那么选择施工方法的依据主要有:工程特点、工期要求、施工组织条件、标书合同的要求、设计图纸及施工方案的基本要求。

施工方法一经确定,机械设备的选择就只能以满足它的要求为基本依据,施工组织也只能在此基础上进行。但是,在现代化施工条件下,施工方法的确定,主要还是选择施工机械、机具的问题。

3)施工机械的选择、优化

施工机械对施工工艺、施工方法有直接的影响,采用什么样的施工方法又决定了需要哪种施工机械,两者有着相互紧密的联系。施工机械化对加快建设速度,提高工程质量,保证施工安全,节约工程成本起着至关重要的作用。因此施工机械选择的好与坏很大程度上决定了施工方案的优劣。那么在施工机械的选择上我们需要考虑哪些因素呢?对已经选择的各种施工机械需要怎样进行优化以达到最大利用价值?

(1)选用施工机械时,在满足施工要求的前提下,应尽量选用本单位现有的机械,以减少资金的投入,充分发挥现有机械的效率。如现有机械不能满足施工需要,可考虑向租赁公司租赁或向兄弟单位借用再或者购买。

(2)选择施工机械的型号时,应结合工程量的大小实际情况和施工现场条件。一般而言,为保证施工进度和提高经济效益,工程量大采用大型机械,工程量小采用中小型机械,但也不是绝对的。如一项大型土方工程,由于施工地区偏僻,道路、桥梁狭窄或受载重限制大型机械通过,并且又仅仅是为了这一项大型土方工程,那么选择大型机械显然不经济,这时就应该选择中型机械施工。

(3)为了便于现场施工机械的管理及减少转移,在同一施工场地内的施工机械的种类和型号应尽可能少。

（4）充分考虑所选机械的运行费是否经济，避免大机小用，能满足施工需要即可。如一些土方项目如果单方面从缩短工期的角度考虑，采用大型机械施工，尽管缩短了一定的工期。但是大型机械的台班费、进出场运输费、便道的修筑费以及折旧费等固定费用远远超过缩短工期所创造的价值，得不尝失。

（5）相关施工机械的合理组合。考虑各种机械的合理组合，这样才能使选择的施工机械充分发挥效率。合理组合主要是两方面的组合：一方面指主机与辅机在台数和生产能力的相互适应；另一方面指作业线上的各种机械的互相配套的组合。

（6）选择施工机械时应从全局出发统筹考虑。现今一个承包单位施工时，往往一个标段内会设置几个项目部或者几个工区。因此全局出发就是不仅考虑本项目部的工程，还需要考虑所承担的同一项目的其他工区或附近现场其他工程的施工机械的使用。

4）施工顺序安排

施工顺序安排是编制施工方案的重要内容之一，施工顺序安排得好，可以加快施工进度，减少人工和机械的停歇时间，并能充分利用工作面，避免施工干扰，达到均衡、连续的施工，实现科学组织施工，做到不增加资源，加快工期，降低施工成本。

合理的施工顺序是指在保证后续工作的开工要在本工作提供必需的作业条件下才能开始，后续工作的开工并不影响本工作作业的连续性和顺利进行。因此，安排好一个施工项目的施工顺序，需要考虑多方面的因素，如各施工过程之间的关系、施工方法好施工机械的要求、施工工期与施工组织的要求、施工质量的要求、当地的气候条件和水文要求、经济成本要求、施工安全要求等等。当然有时也不能做到面面俱到，尽可能地平衡各个因素要求，全面考虑，使施工顺序的确定能够为好、快、省并安全地完成施工任务创造条件。

5）现场平面布置

科学的布置现场可使施工机械、材料减少工地二次搬运和频繁移动施工机械产生的费用，可节省现场搬运的费用。

6）技术组织措施

技术组织措施是施工企业为完成施工任务，保证工程工期，提供工程质量，降低工程成本，在技术上和组织上所采取的措施。它包括技术本身的组织措施、工期保证措施、质量保证措施、工程安全施工措施、施工环境保护措施、文明施工措施、降低成本的措施等。如采用新材料、新工艺、先进技术，采用网络技术编制施工进度，建立质量保证体系，全面推行和贯彻职业安全健康管理体系标准，积极推行和贯彻环境管理体系标准，加强全体职工职业道德教育，制订文明施工准则，编制成本考核指标体系等。

7. 施工进度计划的编制

施工进度计划是在选定施工方案的基础上，根据规定工期和各种资源供应条件，按照施工过程的合理施工顺序及组织施工的原则，用横道图或网络图，对工程项目从开工到竣工的全部施工过程在时间上和空间上的合理安排。施工进度计划时施工组织设计中最重要的组成部分，它必须配合施工方案的选择进行安排，它既是承包单位进行现场施工管理的核心指导文件，又是劳动力组织、机具调配、材料供应以及施工场地布置的主要依据，一切施工组织工作都是围绕施工进度计划来进行的。同时它也是监理工程师实施进度控制的依据。施工进度计划通常是按工程对象编制的。

编制施工进度计划的目的是要确定各个项目的施工顺序和开工、竣工日期。一般以月、旬、周为单位进行安排,从而据此计算人力、机具、材料等的分期(月、旬、周)需要量,进行整个施工场地的布置和编制施工预算。它的基本要求是:保证拟建工程在规定的期限内完成;迅速发挥投资效益;保证施工的连续性和均衡性;节约施工费用。

1)施工进度计划的编制依据

(1)合同文件

施工组织设计不分类别都是以开工、竣工为期限,安排施工进度计划的。施工组织总设计中的施工进度计划安排必须根据标书中要求的工程开工时间和交工时间为施工期限,安排工程中个施工项目的进度计划。单位工程施工组织设计是以合同工期的要求作为工程的开工和交工时间安排施工进度计划。重点工程的施工组织设计根据总施工进度计划安排中安排的开工、竣工时间或业主特别提出要求的开工、交工时间,安排施工进度计划。

(2)工程图纸

熟悉设计文件、图纸,全面了解工程情况,设计工程数量,工程所在地区资源供应情况等;掌握工程中各分部、分项、单位工程之间的关系,避免出现施工安排上的倒顺影响施工进度计划。

(3)建设地区自然条件及有关技术经济资料

对施工调查所得到的资料和工程本身的内部联系,进行综合分析与研究,掌握其间的相互关系和联系,了解其发展变化的规律性。

(4)施工总方案

根据施工总方案(施工顺序、施工方法、作业方式)、配备的人力、机械的数量、计算完成施工项目的工作时间,排出施工进度计划图。编制施工进度计划必须紧密联系所选定的施工方案,这样才能把施工方案中安排的合理施工顺序反映出来。

(5)各类定额资料

编制施工组织设计时,收集有关的定额及概算(或预算)资料,如设计采用的预算定额(或概算定额)、施工定额、工程沿线地区性定额、预算单价、工程概算(或预算)的编制依据等。有关定额是计算各施工过程持续时间的主要依据。

(6)资源供应条件

施工进度直接受到资源供应的限制,施工时可能调用的资源包括:劳动力数量及技术水平;施工机具的类型和数量;外购材料的来源及数量;各种资源的供应时间。资源的供应情况直接决定了各施工过程持续时间的长短。

2)施工进度计划的编制程序和步骤

施工进度计划的编制程序如图3.2所示。

(1)熟悉合同、图纸、设计文件等资料

设计文件是编制进度计划的根据。熟悉工程设计图纸,全面了解工程概况。查看工程合同,包括工程数量、工期要求、工程地区等,做到了然于胸。

(2)施工调查研究

在熟悉文件的基础上进行调查研究,它是编制好进度计划的重要一步。要调查清楚施工的有关条件,包括资源(人、机、材料、构配件等)的供应条件,施工条件,气象条件等。凡编制和执行计划所涉及的情况和原始资料都得调查。对调查所得的资料和工程本身的内部联系,还必须进行综合的分析与研究,掌握其间的相互关系和联系,了解其发展变化的规律性。

工序

编制准备

熟悉合同、图纸、设计文件等资料

进行施工调查研究

作出基本设想（工区划分、施工方案、机械安排等）

进行技术经济比较

是否可行 —— 否

是

初编

划分施工工序

计算工程量

计算劳动量和机械台班数

计算作业持续时间

编制施工进度计划草案

工期、工程进度研究

调整

工期是否符合要求 —— 否 —— 工期调整

是

资源是否符合要求 —— 否 —— 资源调整

是

编制可行的施工进度计划

送审

审批

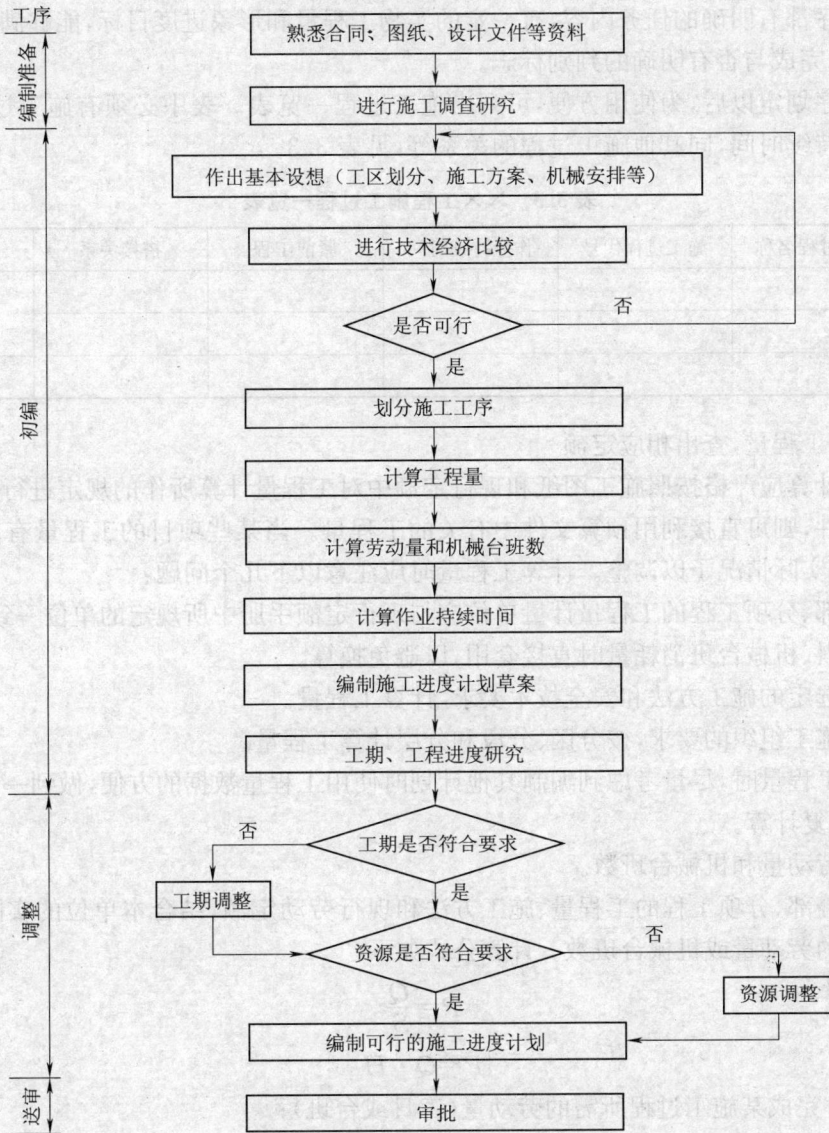

图 3.2 施工进度计划的编制程序

（3）作出初步设想，进行经济技术比较

通过对图纸、合同、设计文件等相关资料的查看和分析，并进行现场的调查后，对整个项目的施工基本上有了一个初步的了解。对施工进度、工区的划分、施工方法、施工机械的安排可以作出几个初步的设想方案，然后召集承包商技术人员、管理人员、监理公司及各相关施工队的队长等进行讨论，对设想的方案进行经济技术比较，分析其可行性和经济性，择优选择出最优化方案。

（4）划分施工工序

根据工程内容和施工方案，将工程任务划分为若干道工序。一个项目划分为多少道工序，由项目的规模和复杂程度，以及计划管理的需要来决定，只要能满足工作需要就可以了。一般而言，总进度计划可划分得粗一些，通常只列出分部工程名称；而实施性进度计划则应划分细一些，特别是对工期有直接影响的项目必须列出，以便于指导施工，控制工程进度。大体上要求每一道工序都有明确的任务内容,有一定的实物工程量和形象进度目标,能够满足指导施工作业的需要,完成与否有明确的判别标志。

施工工序划定以后,为使用方便,可列出施工过程一览表。表中必须有施工过程名称(或内容)、作业持续时间,同其他施工过程的关系等,见表3.3。

表3.3　××工程施工过程一览表

序号	施工过程名称	施工过程代号	作业持续时间	紧前工程	搭接关系	搭接时间
1						
2						
…						

(5)计算工程量,查出相应定额

工程量计算应严格按照施工图纸和现行定额中对工程量计算所作的规定进行。如果已经有了预算文件,则可直接利用预算文件中有关的工程量。当某些项目的工程量有出入但相差不大时,可按实际情况予以调整。计算工程量时应注意以下几个问题:

①各分部、分项工程的工程量计量单位应与现行定额手册中所规定的单位一致,以便计算劳动量和材料、机械台班消耗量时直接套用,以避免换算。

②结合选定的施工方法和安全技术要求,计算工程量。

③结合施工组织的要求,按分区、分段和分层计算工程量。

④计算工程量时,尽量考虑到编制其他计划时使用工程量数据的方便,做到一次计算多次使用,以免重复计算。

⑤计算劳动量和机械台班数。

根据各分部、分项工程的工程量、施工方法和现行劳动定额,结合本单位的实际情况计算各施工过程的劳动量或机械台班数。计算公式如下:

$$P=\frac{Q}{S}$$

或
$$P=Q\cdot H$$

式中　P——完成某施工过程所需的劳动量(工日或台班);

　　　Q——某施工过程的工程量(m^3、m、t…);

　　　S——某施工过程的人工或机械产量定额(m^3、m、t…/工日或台班);

　　　H——某分部分项工程人工或机械的时间定额(工日或台班/m^3、m、t…)。

在工程施工中,有时会遇到采用新技术或特殊施工方法的分部、分项工程,因缺乏足够的经验和可靠资料,定额中未列出,计算时可参考类似项目的定额或经过实际测算,确定临时定额。零星项目所需要的劳动量可结合实际情况,根据承包单位的经验进行估算。对于计划中的"其他工程"项目所需劳动量,可根据实际工程对象,取总劳动量的一定比例(10%～20%)。

⑥计算作业持续时间

计算各施工过程的作业持续时间主要有两种方法:

a. 根据配备劳动量和机械台班数计算持续时间

该方法是首先确定配备在该施工过程作业的人数或机械台数,然后根据劳动量计算出施工持续时间。计算公式如下:

$$t=\frac{P}{R \cdot N}$$

式中　t——某施工过程的作业持续时间；

　　　R——该施工过程每班所配备的人数或机械台数；

　　　N——每天工作班数；

　　　P——劳动量或机械台班数。

b. 根据要求工期倒排施工进度

首先根据总工期和施工经验，确定各分部、分项工程的施工天数，然后再按劳动量和班次，确定出每一分部、分项工程所需工人数或机械台数，计算式如下：

$$R=\frac{P}{t \cdot N}$$

工作班制一般宜采用一班制，因其能利用自然光照，适宜于露天和空中交叉作业，有利于安全施工和保障工程质量。若采用二班或三班制工作，虽可以加快施工进度，并且能够保证施工机械得到更充分的利用，但同时也会引起技术监督、工人福利以及施工地点照明等方面费用的增加。因此，没有必要对所有的施工过程都采用二班、三班制工作。一般来说，应该尽量把辅助工作和准备工作安排在第二班，以便主要的施工过程在第二天白班能够顺利地进行。三班制工作应尽量避免，因为在这种情况下，施工机械的检查和维修无法进行，不能保证机械经常处在完好的状态。当然，在某些少数情况下，如在最小工作面条件中，安排了最多人数仍不能满足工期要求时，可组织两班倒或三班倒。

在安排每班的劳动人数时，必须考虑以下两点：

最小劳动组合。很多分项工程的施工都必须有几个人共同配合才能进行。最小劳动组合是指某一施工过程要进行正常施工所必须的最低限度的人数及其合理组合。例如砌墙，只有技工不行，必须有壮工配合。

最小工作面。是指为了发挥高效率，保证施工安全，每一个工人或班组施工时必须具有的工作面。一个施工过程在组织施工时，安排人数的多少会受到工作面的限制，不能为了缩短工期而无限制地增加工人人数，否则，会造成工作面不足而出现窝工。

⑦编制施工进度计划草案

在编制施工进度计划时，应首先确定主导施工过程的施工进度，使主导施工过程能尽可能连续施工。其余施工过程应予以配合，服从主导施工过程的进度要求。具体方法如下：

a. 确定主要分部工程并组织流水施工

首先取得主要分部工程，组织其中主导分项工程的连续施工并将其他分项工程和次要项目尽可能与主导施工过程穿插配合、搭接或平行作业。

b. 按各分部工程的施工顺序编制初始方案

各分部工程之间按照施工工艺顺序或施工组织的要求，将相邻分部工程的相邻分项工程，按流水施工要求或配合关系搭接起来，组成施工进度计划的初始方案。

c. 计算各项工作的时间参数并求出关键线路

利用网络图编制施工进度计划时，按工作的最早开始时间计算得到的工期就是计划工期，计算出来后，可与合同工期对比。各时间参数计算完成后，就能找出关键线路。应按规定用双箭线或颜色线明确表示出来，以利于分析和应用。

⑧工期审查与调整

当进度计划的初始方案定出后,首先审查总工期,看是否符合合同规定的要求。若没有超过,则在工期上是符合要求的。若超过合同规定的工期,则压缩调整计划工期,如无法进行压缩,则需要书面提出充分的理由和根据,以便就工期问题与甲方做进一步商议。

⑨资源审查与调整

估算主要资源的需要量,审查其供应与需求的可能性。若某一段时间内供应不能满足资源消耗高峰的需要,则要求这段时间的施工工序加以调整,使它们错开时间,减少集中的资源消费,使其降到供应水平之下。

⑩编制可行的进度计划方案,并计算技术经济指标

经工期和资源的调整后,计划能适应现有的施工条件与要求,因而是切实可行的。可绘制出正式的网络图或横道图,并附以资源消耗曲线。

由于是可执行的计划,所以有必要计算一下它的技术经济指标,如与定额工期比较,单方用工、劳动生产率、节约率等,可与过去的或先进的计划进行比较,也可逐步积累经验,这对提高管理水平来说,是一项有重要意义的工作。

3)施工进度图的绘制

施工进度图的绘制有横道图和网络图两种。

(1)横道图

所谓横道图是指将一项工程分解成若干项工序(或工作),每项工序(或工作)用一横线表示,并将横线置于时间坐标之上,用以表示整个计划中各项工序(或工作)的起始时间和持续时间的工序流程图。它是一种最直观的工期计划方法,它在国外又被称为甘特(Gantt chart)图,在工程中广泛应用,并受到欢迎。图3.3为某工程的总体施工进度横道图。

①横道图结构

施工进度横道图一般由两大部分内容组成:第一部分内容要体现出整个施工项目的主要工程项目内容或者某一单项工程的分工工序工程内容;另一部分内容主要是指示图标,用横向线条形象地表明分部、分项工程的进度。横线的长度表示各分部、分项工程施工阶段的工期或总工期,它综合反映各分部分项工程相互间的关系,并可采用此图进行资源综合平衡。

②横道图特点

横道图的优点:比较容易编辑,简单、明了、直观、易懂;结合时间坐标,各项工作的起止时间、作业时间、工作进度、总工期都能一目了然;流水情况表示得清楚。

横道图的缺点:横道图方法虽直观,但只能表明已有的静态,不能反映出各项工作之间错综复杂、相互联系相互制约的生产和协作关系;反映不出哪些工作是主要的,哪些生产联系是关键性,无法反映出工程的关键所在和全貌;不能反映工程先后逻辑顺序、关键线路,仅仅是时间上的安排和项目作业的展示;计划变动调整麻烦;施工日期地点无法表示;工程量实际分布不具体,工程数量无法表示;仅反映平均流水速度。

③横道图适用范围

横道图的优缺点决定了它既有广泛的应用范围和很强的生命力,同时又有局限性。项目初期由于尚没有做详细的项目结构分解,工程活动之间复杂的逻辑关系尚未分析出来,一般人们都用横道图制订总体计划。它也可直接应用于一些简单的小项目,由于活动较少,可以直接用它排工期计划。上层管理者一般仅需了解总体计划,也都用横道图来表示。

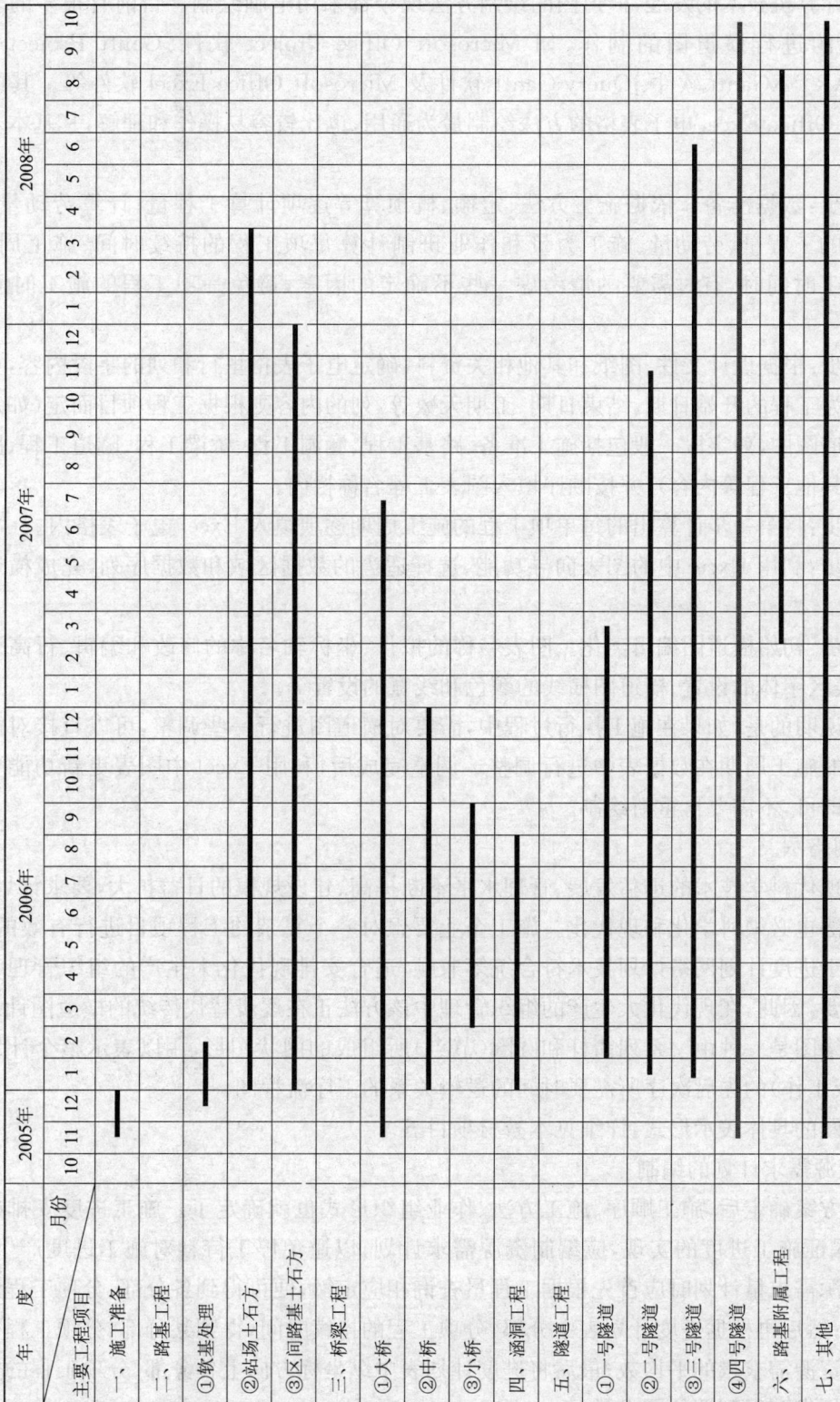

图 3.3 某工程的总体施工进度横道图

④横道图绘制

随着计算机技术的发展,横道图的绘制方法现今都采用电脑绘制。目前有很多的软件可以很方便的进行横道图的制作,如 Microsoft Office Project 软件、Gantt Project 软件、VARCHART XGantt 软件、jQuery Gantt 软件及 Microsoft Office Excel 软件等。其中采用 Microsoft Office Excel 电子表格的方法绘制最为通用,也比较容易操作和理解,其基本步骤简述如下:

第一步:数据准备。依据施工方法、定额、概预算等逐项计算工程量;计算劳动量;根据计算出来的工程量、劳动量、施工力量和作业班制计算每项工程的持续时间、施工周期等。在计算施工时间时,有时需要酌情考虑一些不确定的因素,避免一项工程的施工时间过于紧凑。

第二步:根据设计文件、图纸和其他相关资料,确定电子表格里行和列的字段内容,如行的内容一般为工程的开始日期、结束日期、工期天数等,列的内容则根据工程项目而定(如总体施工进度横道图中,列字段一般包括施工准备、路基工程、涵洞工程、桥梁工程、隧道工程、路基附属工程及其他工程等内容),并按顺序填入图表工程名称栏内。

第三步:将第一步计算出的每单项工程的施工周期逐项填入 Excel 电子表格内。

第四步:利用 Excel 中的图表向导功能,选择适当的数据区域和数据序列,完成横道图的初步绘制。

第五步:初始横道图编辑美化。图表名称的拟订、坐标轴名称的修改和编辑、行高列宽的设置、图表区字体的设置、横道图横线的颜色和线宽的设置等。

值得说明的是:如果在施工执行过程中,需要对横道图进行一些调整,可以直接对需要调整的工程的施工周期在数据表中进行调整。调整完成后,利用 Excel 中图表更新功能更新横道图图表即可,不需要再重新绘制。

(2)网络图

随着现代科学技术的迅猛发展、管理水平不断提高、建设规模的日益扩大,要求计划、生产管理的方法也必须科学化和现代化。施工企业要想对一个复杂的工程项目进行有效的管理,必须依赖于进度计划网络计划技术符合统筹兼顾,适合安排现代化大生产的组织管理和科学研究的需要,因此,在现代化大生产的组织管理中该方法正在逐步替代传统的横道图计划管理方法。网络图是一种由一系列箭杆和圆圈(节点)所组成的网状图形,用以表示整个计划中各项工序(或工作)的先后次序所需要时间的逻辑关系的工序流程图。

网络图的具体表示形式,详细见本教材项目五。

8. 资源需求计划的编制

施工方案确定后,施工顺序、施工方法、作业组织形式也就确定了。施工进度安排确定之后,为了保证施工进度的实现,应编制资源需求计划,以避免停工待料对施工进度产生影响。在编制资源需求量计划时应首先根据工程量查询相应定额,便可得到各分部、分项工程的资源需求总量;然后再根据进度计划表中分部、分项工程的持续时间,得到某分部、分项工程在某段时间内的资源需求量的平均数;最后将进度计划表中纵坐标方向上各分部、分项工程的资源需求进行叠加求和得到总的需求量。

1)劳动力需要量计划

劳动力需要量计划,主要是作为安排劳动力的平衡、调配和衡量劳动力耗用指标,安排生活福利设施的依据,其编制方法是将施工进度计划表内所列各施工过程每天(或旬、月)所需工人人数按工种汇总而得。劳动力需要量是根据工程的工程量和规定使用的劳动定额及要求的工期计算完成工程所需的劳动力。在计算过程中需要考虑节假日、雨雪天对施工的影响因素、施工方法(人力施工、半机械化施工还是全机械化施工)等,因为不同的施工方法所需要的劳动量是不同的。具体形式见表 3.4。

表 3.4　劳动力需求量计划表

序号	工程名称	工种类别	人数	×月			×月			×月	
				上旬	中旬	下旬	上旬	中旬	下旬	上旬	…
1											
2											
…											
汇总											

2)主要材料需要量计划

主要材料需要量计划,是备料、供料和确定仓库、堆场面积及组织运输的依据。其编制方法是将施工进度计划表中各施工过程的工程量,接材料品种、规格、数量、使用时间计算汇总而得。具体形式见表 3.5。

表 3.5　主要材料需用量计划

序号	材料名称	规格	需用量		需要时间					备注
					×月			×月		
			单位	数量	上旬	中旬	下旬	上旬	…	
1										
2										
…										

3)构件和半成品需要量计划

构件、配件和其他加工半成品的需要量计划主要用于落实加工订货单位,并按照所需规格、数量、时间,组织加工、运输和确定仓库或堆场,可根据施工图和施工进度计划编制。具体形式见表 3.6。

表 3.6　构建和半成品需用量计划

序号	品名	规格	图号	需用量		使用部位	加工单位	供应日期	备注
				单位	数量				
1									
2									
…									

4)施工机械需要量计划

施工机械需要量计划主要用于确定施工机械的类型、数量、进场时间,可据此落实施工机械来源、组织进场。其编制方法为,将单位工程施工进度表中的每一个施工过程、每天所需的机械类型、数量和施工日期进行汇总,即得施工机械需要量计划。具体形式见表3.7。

表3.7　施工机械需用量计划

序号	机械名称	类型型号	需用量		货源	使用起止时间	备注
			单位	数量			
1							
2							
…							

9. 施工现场平面图设计

1)施工现场平面图的分类

施工现场平面图按其作用分为两类:

(1)施工现场总平面图。它是以整个工程项目或一个合同段为对象的平面布置图,主要反映整个工程平面的地形情况、场料位置、运输路线、生活设施等的位置和相互关系。

(2)单位工程或分部、分项工程的施工平面图。它是以单位工程或分部、分项工程为对象而设计的平面组织形式。如某铁路工程的某隧道施工平面图、制梁场施工平面图等。对于分部、分项工程的施工平面图,应当根据各施工阶段现场情况的变化,分别绘制不同施工阶段的施工平面图。

2)施工现场平面布置注意事项

(1)合理利用桥涵地界内施工场地,尽量不占、少占或缓占农田,充分利用山地、换地,重复使用空地,在弃土、清理场地时,有条件的应结合施工造田、复田。

(2)尽量降低运输费用,保证运输方便,减少和避免二次搬运。如各种加工厂、仓库、混凝土搅拌站、大堆料堆放点等,应尽量靠近施工点,而且不与施工发生干扰。

(3)临时性修建费用力求最低。充分利用原有房屋、管线、道路或前期施工的临时建筑。

(4)布置其他设施时,要以主体工程为核心,其他临时设施不能影响主体工程的施工进展。

(5)临时房屋及设施力求符合劳动保护、技术安全和防火规范的要求。

(6)施工的项目部要布置在适中位置,既要靠近主体工程,便于指挥,又要靠近交通枢纽,方便内外交通联系。

(7)有条件的地方,运输工具的出入口应尽量分开,使使场内外运输互不干扰。

(8)合理布置场内水、电、气、电缆等各种管线,避免与施工发生干扰。

(9)应保证整个施工期间不被水淹。

3)施工现场平面布置图的主要内容

施工现场平面布置图是根据施工方案、施工进度要求及资源进场存放量进行设计的。其内容的多少与施工期限长短、工程量大小,地形地貌的复杂程度有关。一般应包括以下主要内容:

（1）原有、拟建、拆迁地物

施工平面图上要标出购（租）地界内及附近已有的和拟建的地上、地下建筑物及其他附着物的位置和主要尺寸，并标出需要拆迁的建筑物及需要占用的农田等，以及需要拆迁的建筑物在施工期间是否可供使用，还要标出拟建线路及桥墩台位置、里程等。

（2）施工区段划分

对有两个及以上施工单位施工的大桥、特大桥或成组桥涵，应标出各自施工范围。

（3）既有线和设计线

对既有线改造或新增第二线桥涵工程，标明既有线位置、里程及既有线和设计线的关系。

（4）重要的资源供应地

标出既有高压线、水源位置（既有的水井），既有的河流位置及河道改移位置。

（5）为施工服务的临时设施的布置

①各种运输道路及临时便桥；

②临时办公和生活用房。如项目管理人员办公场所、施工人员宿舍、食堂、浴池、文化服务用房等；

③各种加工厂、混凝土成品厂及机械站、混凝土搅拌站；

④各种材料、半成品、成品仓库；

⑤大堆料堆放点及机械设备设置点；

⑥临时供电、供水、蒸汽及压缩空气站及其管线和通信线路；

⑦其他生产房屋。如木工棚、钢筋棚、机具修理棚、车库、油库等用房；

⑧安全及防火设施；

（6）取土和弃土位置

取土和弃土位置如果远离施工现场，在场地布置图上无法标注时，可另加说明。

4）绘制施工现场平面布置图

平面布置图基本采用 CAD 软件进行绘制，首先确定施工现场区域。现在基本上可从设计院拷贝工程总平面电子图，但先要进行图形处理，主要是把一些设计内容删除掉，必须保留的有：用地红线、拟建建筑物外轮廓线、周边已有建筑物轮廓线、周边已有市政道路线及其他重要的标志性构筑物。

然后对施工现场区域按现场办公区、临时生活区、现场生产区进行划分。在用 CAD 软件划分这些区域时，主要增设以下图层：临时设施图层（含办公区、临时生活区、仓库等）、加工场及堆场图层、场内运输道路图层、主要施工机械图层。新设的不同图层应设置不同颜色（最好不采用黄色等比较浅色的颜色），以利最后打印出图时调整打印效果。

最后需要必要的图例、说明及标注、指北针等。必要的标注有：隧道进出口位置及里程、桥梁起止点位置及里程、周边道路路名、施工围墙、各类临时设施名称及面积、各类加工场名称及面积等；必要的图例有：设计线路、施工便道、塔吊、施工电梯、混凝土泵、搅拌机、蓄水池、水泥罐、发电机房等；对图上无法表达的可做文字说明，场地小型办公区及临时生活区另行布置的可做文字说明。

图 3.4 为某隧道工程进出口的施工平面布置图。

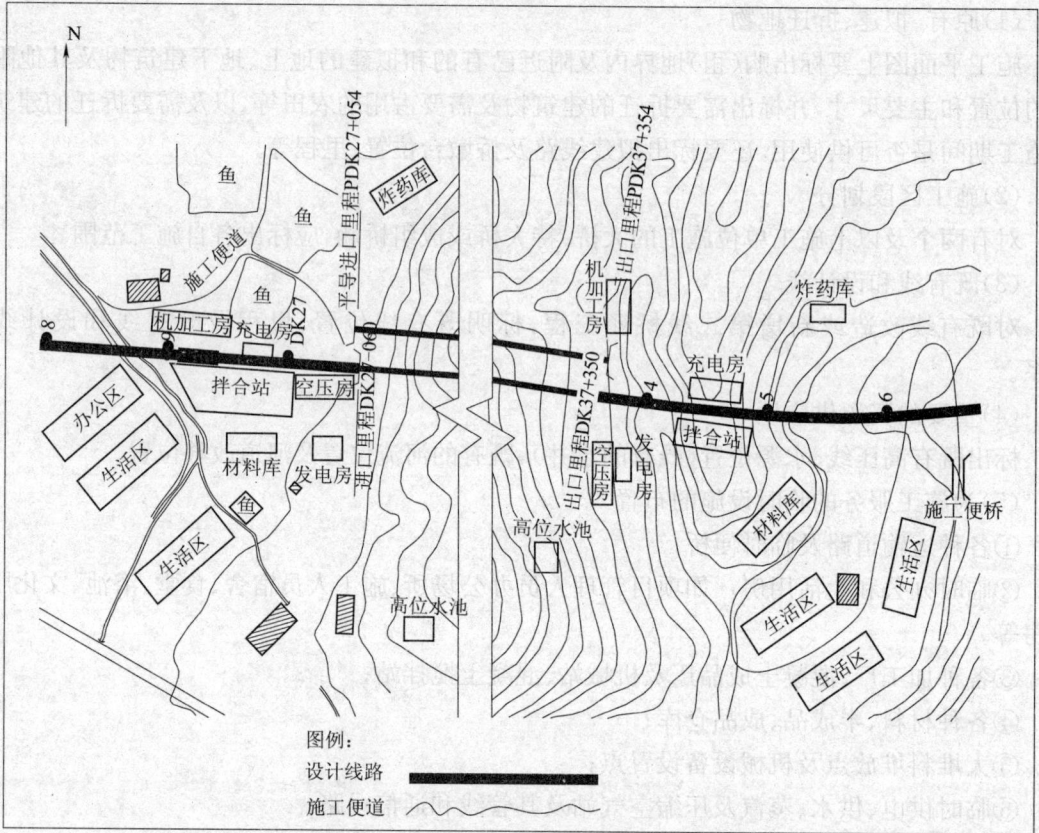

图 3.4　某隧道工程进出口施工平面布置图

典型工作任务 3.3　施工组织设计的技术经济评价

3.3.1　工作任务

学生完成本任务学习后,能够对一简单的施工组织设计进行技术经济分析和评价;并在编制施工组织设计时,能够根据技术经济评价的指标,选择最优的施工组织设计。

3.3.2　相关配套知识

施工组织总设计是对整个建设项目或群体工程施工的全局性、指导性文件,其编制质量的好坏对工程建设的进度、质量和经济效益影响较大。因此,对施工组织设计进行技术经济分析、评价的目的是:论证施工组织设计中在技术上是否可行,在经济上是否合算,通过科学的计算和分析比较,选择技术经济最佳的方案,为不断改进与提高施工组织设计水平提供依据,为寻求增产节约的途径和提高经济效益提供信息,技术经济分析是施工组织设计的重要内容,也是必要的设计手段。同时,施工组织设计技术经济评价也是对施工组织设计本身进行考核和上级审批的依据。

1. 施工组织设计技术经济评价基本要求

1)全面分析。要对施工技术方法、组织方法及经济效果进行分析;对需要与可能进行分析,对施工的具体环节与全过程进行分析。

2)做技术经济分析时应抓住质量、工期、成本三个重点环节,据此建立技术经济分析指标体系。选用某一方案的原则是:在质量优良的前提下,工期合理,成本最低。

3)作技术经济分析时,要灵活运用定性方法和有针对性地应用定量方法。在作定量分析时,应对主要指标、辅助指标和综合指标区别对待。

4)技术经济分析应以设计方案的要求,有关的国家规定及工程的实际需要为依据。

2. 施工组织设计技术经济评价指标体系

施工组织设计中常用的技术经济指标有以下内容:

1)施工周期指标。指工程从开工到竣工所用的全部日历天数。在保证工程质量的前提下,施工周期越短,经济效益越高。

2)劳动生产率指标。

(1)劳动力不均衡系数,表示整个施工期间使用劳动力的均衡程度。以接近 1 为佳,一般不能大于 2。

$$劳动力不均衡系数 = \frac{施工高峰期人数}{施工平均人数}$$

(2)全员劳动生产率。

$$全员劳动生产率 = \frac{完成的工作量}{全体职工平均人数}$$

3)工程质量指标。这是施工过组织设计中确定的控制目标。

$$质量优良品率 = \frac{优良工程个数(或面积、延长米等)}{施工项目总个数(或面积、延长米等)} \times 100\%$$

4)降低成本指标。

$$成本降低率 = \frac{预算成本 - 计划成本}{预算总成本} \times 100\%$$

5)机械化施工程度。

$$机械化施工程度 = \frac{机械化施工完成的工程量}{总工作量} \times 100\%$$

6)施工机械完好率。

$$施工机械完好率 = \frac{机械化施工完成完好台班数}{计划内机械定额台班数} \times 100\%$$

7)工厂化施工程度。

$$工厂化施工程度 = \frac{预制加工厂完成的工作量}{总工作量} \times 100\%$$

8)临时工程投资比例。指全部临时工程投资费用与总成本之比,表示临时设施费用的支出情况。

$$临时工程投资比率 = \frac{全部临时工程投资额}{总成本} \times 100\%$$

9)主要材料节约百分比。

$$主要材料节约率 = \frac{主要材料预算用量 - 计划用量}{主要材料预算用量} \times 100\%$$

3. 施工组织设计技术经济评价方法

一个工程项目中有很多单项施工,对于每一单项施工施工队都可以采用不同的施工方法和应用不同的施工机械,不同的施工方法和施工机械对工程的工期、质量和成本有着不同的影响。因此,在编制施工组织设计时,应根据施工单位本身现有的以及可能获得的技术和机械情况,拟订几个不同的施工方案,然后从技术上、经济上进行分析比较,从中选出最合理的方案,把技术上的可能性与经济上的节约性统一起来,以最低的资源消耗获得最佳的经济效益,多快好省地完成施工任务。

技术经济分析的方法不外乎两种:一是调查研究的方法,也可称为定性分析方法;另一则是理论研究的方法,也称定量分析方法。

1)定性分析法

定性分析的方法是指根据以往经验,经过广泛调查研究,对施工组织设计(施工方案)的优劣进行分析。此法比较方便,但不精确,也不能优化,决策易受主观因素的制约。如对垂直运输设备,是采用井字架适当,还是采用塔吊适当;划分流水作业时,是二段流水有利于加快施工进度还是三段流水有利于加快施工进度等。

2)定量分析法

定量分析的方法则综合运用了数学计算和论证分析的方法。对不同的施工方案进行一定的数学计算,将计算结果进行优劣比较。如有多个计算指标的,为便于分析、评价,常常对过个计算指标进行加工,形成单一(综合)指标,然后进行优劣比较。定量分析一般有以下三种方法:

(1)多指标比较法

该法简便实用,也应用的很广泛。比较时要选用适当的指标,同时注意满足需要、消耗费用、价格指标以及时间上的可比性。有两种情况要分别对待:

其一:一个方案的各项指标均优于另一个方案,优劣是明显的。

其二:通过计算,几个方案的指标优劣有穿插,分析比较时要进行加工,形成单指标,然后分析优劣。

(2)评分法

首先计算出方案中各可比指标的评定分数,进行比较,分数高者为优。

例如:在某隧道施工方案中,提出正台阶环形开挖法(第一方案)和单侧壁导坑正台阶法(第二方案)两种方法,对这两种方案进行技术经济分析时,采用评分法。合同要求工期较短、质量要求较高,为此,评分过程中从工期、质量、安全、费用四个方面进行评分,并确定四个方面的权重。打分结果见表3.8。

表 3.8　某隧道工程两种施工方案的比较

指　标	权　重	评　分	
		正台阶环形开挖法	单侧壁导坑正台阶法
工期	0.32	80	95
质量	0.28	95	95
安全	0.25	90	80
费用	0.15	90	85

正台阶环形开挖法总分:
$$M_1 = 80 \times 0.32 + 95 \times 0.28 + 90 \times 0.25 + 90 \times 0.15$$
$$= 25.60 + 26.60 + 22.50 + 13.50 = 88.20(分)$$

单侧壁导坑正台阶法总分：

$$M_2 = 95 \times 0.32 + 95 \times 0.28 + 80 \times 0.25 + 85 \times 0.15$$
$$= 30.40 + 26.60 + 20.00 + 12.75 = 89.75(分)$$

通过评分计算，单侧壁导坑正台阶法稍优于正台阶环形开挖法。

（3）价值法

对各方案均计算出最终价值，用价值量的大小评定方案的优劣，小者为优。

例如：某工程对钢筋的接头形式进行了方案比较，其值见表 3.9。

表 3.9　某工程钢筋接头各方案的经济比较

项　目	电渣压力焊		帮条焊		绑扎	
	用量	金额/元	用量	金额/元	用量	金额/元
钢材	0.189 kg	0.095	4.04 kg	2.02	7.1 kg	3.55
材料(焊药、焊条、铅丝)	0.5 kg	0.40	1.09 kg	1.64	0.022 kg	0.023
人工	0.14 工日	0.28	0.20 工日	0.4	0.025 工日	0.05
电量消耗	2.1 kW·h	0.168	25.2 kW·h	2.02	—	—
合计		0.943		6.08		3.623

通过计算，可看出电渣压力焊最节约。假设该工程项目共有 1 200 个接头，如采用电渣压力焊，则需资金 1 131.6 元，比帮条焊街节省 6 164.4 元，比绑扎节省 3 216 元，故采用电渣压力焊是最优的一种接头形式。

项目小结

本项目主要介绍了工程施工组织设计的概念、任务、基本内容、类型、编制原则、编制依据、编制程序、施工总体部署，制订施工方案，施工进度计划编制，资源需求计划编制，施工现场平面布置图，施工组织设计的技术经济评价要求、评级指标体系和评价方法等内容。

本项目的重点：工程施工组织设计的基本概念、任务，施工组织设计的编制原则、依据、程序；施工方案的制定，施工进度计划及资源需求计划的编制；施工组织设计技术经济评价的要求和指标体系。

本项目的难点：学生要会施工组织设计的编制；会施工方案的制定；能够进行施工进度计划和资源需求计划的编制；会编制、能看懂施工横道图；会进行施工现场平面图的设计；能够进行施工组织设计的技术经济简单分析和评价，并得出最优化的施工方法。

项目拓展

合蚌客运专线施工组织设计多方案比选

铁路工程施工组织设计是规划工程施工进度、指导和链接工程施工的重要战略性文件，是实现工程设计方案意图、编制工程设计预算的根据。因此，施工组织设计性文件必须具有科学性、经济性、合理性、严肃性和可行性。铁路客运专线具有技术标准高、施工工艺新、建设规模大和施工精度高等特点，所以客运专线施工组织设计更要体现严肃性和可行性，进行多方案的设计比选,从众多的设计方案中权衡利弊、系统分析、综合比较后选出较优的方案。下面就河蚌客运专线的施工组织设计,浅析施工组织设计多方案比选的重要性。

1. 工程概况

合蚌客运专线位于安徽省,线路北起蚌埠高速站,南至既有合肥站,其间设水家湖站、新下塘集站、双墩集站。正线全长 130.673 km。河蚌线是设计速度速度目标值 200 km/h 预留 300 km/h、最小曲线半径 5 500 m、采用无砟轨道、电力牵引的双线客运专线。

(1)交通运输情况

①公路。沿线公路网发达,主要有合徐高速公路、蚌宁高速公路、G206 国道、S310 省道、S207 省道、S334 省道、合水公路、水九公路等以及各村镇之间发达的乡村公路,正在建设的有合六高速公路、蚌淮高速公路。

②铁路。沿线铁路网较密,既有京沪线、水蚌线,待建京沪高速在蚌埠交汇,水蚌线、淮南线、阜淮线在水家湖交汇;既有淮南线、合九线、西宁线、在建沪汉蓉快速通道合武线、合宁线在合肥交汇。密集的铁路网为本工程的材料运输提供良好的条件。

③水运。工程范围内淮河(在蚌埠、淮南均有码头)及窑河为通航河流,其中淮河为三级航道,窑河为六级航道。蚌埠地区的工程用砂,基本来自明光市,为利用淮河水运运输。

(2)沿线卫生防疫情况

经调查,本线沿途城市、乡镇卫生防疫情况良好。

(3)当地建筑材料分布及水源、电源、燃料等可资利用的情况

合蚌线沿线为平原地带,河流很少,当地用砂基本从淮南一带运来。沿线石料产地很少,需要从外地运入工地。沿线只有肥东县有采石场,生产花岗岩一级道砟,可考虑利用为本工程站场站线及联络线用砟,本工程正线需采用少量特级道砟,拟采用萧县采石场所产特级道砟,由铁路运输至工地。线路所经县乡镇均生产砖瓦,可就近供应。本工程沿线只有武店镇及刘府镇盛产石灰,可满足本工程用石灰需要。工程所在地属于淮河流域,沿线支流较多,均可就近取水。沿线附近电网属于华东电网,故本工程电力全部考虑由地方供应,重点工程电力引入考虑附近接电力高压线路。

2. 施工组织方案设计比选

(1)工期概述

根据本段线路的方案研究、既有铁路车站、线路状况,以及全线重点工程布置和铺轨、架梁方案的选择情况,参照其他客运专线建设实践和建设工程定额要求,主要工程工期及进度安排为:施工准备按 3 个月考虑,基基础加固工程建设工期按 6 个月考虑,路基土石方工程建设工期按 6 个月考虑,路基工程预留 9 个月工后沉降时间,桥梁下部结构建设工程按 8~17 个月考虑,隧道综合进度按围岩级别不同分别按单口月成洞 60~150 m 考虑,综合运、架简支箱梁进度每台架梁机为 1.0~1.5 孔/d 考虑,无砟轨道综合进度按 150~180 单线米/日考虑,接触网挂网工程综合进度按 20 条公里/月考虑。

(2)施工组织设计方案比选

通过对线路设计方案的研究,根据本线的特点和情况,对本线路编制了三年、三年半、四年、四年半四个工期方案进行施工组织设计方案比选:

①方案 A:全线一次设计,同步建设,施工总工期为四年半(含调试期)。

②方案 B:全线一次设计,同步建设,施工总工期为四年(含调试期)。

③方案 C:全线一次设计,同步建设,施工总工期为三年半(含调试期)。

④方案 D：全线一次设计，同步建设，施工总工期为三年（含调试期）。

（3）推荐方案的确定

通过综合分析比较，参照国内同类客运专线的建设经验，一致认为 B 方案工期相对较紧、增加工期措施费少、工期可控性较强。故推荐 B 方案。

（4）推荐方案的可行性研究

由于修建本段客运专线的技术能力、施工能力已经基本成熟，参照近期铁路建设实际进度情况，适当调整了部分工程之间衔接预留时间，加强建设施工协调管理，提前做好征地、拆迁工作、备料工作、大临工程的建设工作，资金能够及时到位情况下，该施工期限能完成任务。该方案主要特点是工期较短、见效快。为保证建设工期，加快控制工期工程的进度，应从加强建设工程中各环节的控制管理入手，主要在以下方面：

①拆迁工作的按时完成是保证工期的关键问题。

②路基工程：增加工作面和主要施工机械，下部和基床底层确保控制在第二年的雨季期前完成，保证路基的沉降时间，满足工后沉降要求。

③桥梁工程：在轨道铺设及箱梁架设方向起始端的桥梁需根据铺架时间要求提前开工。桥梁下部工程增加作业面，压缩工期。

④隧道工程：隧道工程不是本工程控制工程，但应在土方施工完毕前完成隧道开挖任务，使隧道废砟能够全部利用，尽量减少工程投资。

⑤简支箱梁架设工程：全线简支箱梁架设任务很重，工期较为紧张，为保证工期，施工单位应在架设前精心做好架设计划，且架设应采用二班制，以确保架梁任务的完成。

⑥轨道工程：本线铺设无砟轨道工程量大，直接影响后续工程，箱梁架设完成的段落及时开设作业面，做好轨道板预制储备、合理安排设备，确保铺轨时间要求。钢轨铺设工程不是本工程控制工程。

⑦联合调试、试运行：联合调试、试运行的工期本身是不确定的，为此，联合调试在站后各系统的制式选择、系统开发、设备招标、设备生产、运输、安装、培训等各环节加强控制管理。调试必须分段进行，待铺轨架网完成后再进行全线联调。

⑧管理方面：科学组织，处理好站前和站后工程交叉作业的干扰时间。

3. 结论

在客运专线施工组织设计中，一定要本着"客观性"、"战略性"、"严肃性"、"可行性"的指导思想，施工组织设计必须要随着设计阶段的深入相应的完善和进行调整，特别是在设计的前期阶段，一定要重视多方案比选，通过多方案进行综合比较、分析、权衡，只有这样，才能从众多的方案中选出最优的推荐方案，才能使施工组织设计真正做到客观、可行。

项目训练

1. 什么是施工组织设计？施工组织设计有哪些具体任务？

2. 施工组织设计的内容是什么？

3. 施工组织设计分为哪几类？各自主要用于什么工程？

4. 如何编制施工组织设计？

5. 如何对施工组织设计的技术经济进行分析和评价？

项目 4　机械化施工组织设计

项目描述

　　机械化施工是根据工程状况采取一定的与工程状况相适应的组合机具,用以减轻或解放人工体力劳动而完成人力所难以完成的施工生产任务。铁路机械化施工组织设计就是在施工组织设计过程中,充分利用与施工工程相匹配的现代化施工机械,节约劳动力,降低工程成本,缩短工程工期,提高工程质量,为施工设计提供了更广更宽的创作空间,促进了工程施工社会化技术水平的提高和发展。

　　本项目主要描述机械化施工组织设计的内容及编制方法;铁路工程施工中主要的施工机械种类;在铁路工程施工中,根据工程项目特点如何选择合适的施工机械? 以及如何对所选择的施工机械进行合理搭配和配套? 以达到工程项目质量过硬、成本最低的目的。

教学目标

知识目标

1. 掌握机械化施工组织设计内容及编制方法;
2. 掌握铁路工程施工机械的种类及用途;
3. 掌握施工机械的选型方法与配套方式。

技能目标

1. 根据工程实际情况,能够编制出具有较强的可行性的机械化施工方案;
2. 根据工程实际情况,能够编制机械化施工进度图表;
3. 根据工程特点,能够合理选择施工机械并合理配置;
4. 根据工程特点,能够编制出机械化施工组织设计。

素质目标

1. 培养学生良好的职业素养和艰苦奋斗的作风;
2. 培养学生强烈的团队合作意识、积极进取的工作态度;
3. 培养学生敢于解决困难问题、勇于创新探索的工作能力。

典型工作任务 4.1　机械化施工组织概述

4.1.1　工作任务

　　通过本任务的学习,学生能够掌握机械化施工组织的意义和作用;强化学生对机械化施工组织的重要性;了解工程建设中机械化施工组织的现状。

4.1.2 相关配套知识

随着科技进步和社会化生产技术的不断发展,以现代化方式修建铁路已成为当今铁路建设的发展方向。铁路建设现代化的主要特征是铁路设计标准化,铁路施工装配化,铁路生产机械化,工程管理科学化。其中,铁路生产机械化是实现铁路建设向现代化大生产模式转变的关键所在,也是铁路施工现代化的重要组成内容。在铁路施工过程中,尽量采用施工机械取代人工作业,实现施工过程机械化,不仅可以改善劳动条件,降低劳动强度,而且还能够降低工程成本,提高施工质量,加快工程进度,不断促进社会化生产技术水平的提高和发展。铁路施工工程具有周期长、流动性大、施工协作性高,以及受外界干扰及自然因素影响等特点,因此,铁路实施机械化施工,必须事先做好计划,即编制好机械化施工组织设计。

1. 机械化施工组织的意义和作用

在现代高速铁路建设过程中,完成任何一个铁路建设项目都离不开施工机械,而且在整个铁路的施工过程中机械化作业所占的份额越来越大,业已成为影响工程质量、进度和效益的重要因素。究竟制定什么施工方案,怎样选择和配套机械设备才算合理,能否切实地处理施工方案及配套机械的相互关系,这些问题是现代高速铁路建设的施工过程组织首要且必须考虑的关键问题,决定着工程施工的成败得失;而在施工方案一定的情况下,能否有效地提高各种施工机械的生产效率和利用率,充分发挥施工机械在生产过程中的主导作用,这也是现代铁路施工过程管理必须重点关注的环节。实践证明,机械化施工组织在整个铁路、公路施工过程中起着十分重要的作用。其作用如下:

1)提高经济效益

进行机械化施工组织可合理利用机械设备的效能,提高机械设备的生产率,保证机械化施工作业的连续性和均衡性,降低成本,提高经济效益;

2)保证质量、安全生产

通过机械化施工组织可充分挖掘机械设备的潜力,合理配置与整合机械资源,发挥施工机械设备在施工过程中的主导作用,保证工程质量和安全生产,达到规定的质量、安全和环保要求;

3)满足工期

采用安全可靠的机械化施工技术与组织措施,合理调配施工机械,可提高机械设备的利用率,调控并加快施工进度,达到合同工期要求;

4)提高作业效率

通过机械化施工组织,可了解各种施工机械的实际运行工况,合理保养和维修施工机械,提高机械设备完好率,保持施工机械处在连续、正常的作业状态,保证机械化施工的连续性,提高作业效益;

5)促进技术水平提高和发展

开展机械化施工组织活动,有利于新工艺、新技术的推广,促进社会化生产技术水平的提高和发展。

2. 机械化施工的重要性

铁路机械化施工是减轻生产人员的劳动强度、提高工效、降低成本、加快工程进度、保工程质量和节约投资的重要手段。在长期的铁路生产过程中,随着高质量、高效率施工机械的逐步出现和推广,施工机械化程度的不断提高,机械化施工的重要性和优越性也逐步凸显出来,早已被人们认识和接受。主要表现在以下几个方面：

1)机械化施工有利于降低工程成本

采用大规模机械化施工,使过去高成本的工作,现在只需要较少费用即可完成。如大型构件的预制安装、顶推施工法、回旋钻机钻孔、铲运机及自卸车运土等,这些机械将过去高投入、低产出的工程变为技术型、低投入、高产出的工程。另一方面,工程造价中机械费用占有很大比重,科学合理地组织机械化施工,减少机械使用费,就可以大幅度降低工程造价。

2)机械化施工大大缩短工程工期

施工进度的快慢主要取决于施工过程的施工能力的大小,增强施工能力又有赖于提高劳动生产率,而在现代铁路建设过程中,提高劳动生产率最为有效的途径是采用科学化管理,机械化施工。显然,采用机械化施工也是缩短工期最为的有效方法。例如,一座特大桥的施工工期,过去一般需要近十年时间,而现在的工期只有原来的三分之一左右。

3)机械化施工可提高工程质量

随着工程设计精度的提高、工程难度的加大、连续施工的要求更高,只有机械化施工才能满足以上各项要求。现代列车、汽车工业的飞速发展,促进了其行驶性能的不断提高,也对公路、铁路的使用功能提出了更高的要求。如果没有施工机械对劳动对象进行精密控制和施加有效作用,单靠人工是很难达到这些要求的。例如:铁路的平整度是评价行车舒适感的主要指标,平整度越小,行车舒适感越好,而平整度的调整只有通过轨检小车机械进行,靠人工是根本无法达到标准的。再比如特大桥的大体积混凝土,必须采用混凝土输送泵运送才能保证连续浇筑;大型构件的运输等也只有机械化作业才能满足要求,这些都是人力施工达不到的。

4)机械化施工可优化社会资源,节约社会劳动力

机械化施工减少了施工组织计划中对劳动力的需求,将更多的社会劳动力调配到更适合的工作岗位上,从而为社会节约了大量的劳动力。当然,机械化施工也刺激新型劳动力的成长,使工程施工的机械化得到普及和提高。

5)机械化施工使铁路工程设计空间更为拓展,施工技术更新

铁路设计理论与方法的创新总是建立在具备一定的物质条件的基础上。不管设计采用什么方法,当具备了可行的技术手段和先进的劳动工具,特别是具有能够满足设计要求的相应机械设备时,才能使新的设计意图得以实现。机械化施工,不仅使我们可以为建造一个具有承载力的铁路工程跨越构造物,而且同时也在为社会创造美和艺术品。这些也只有在机械化生产的条件下,才能同时满足施工技术和美化景观方面的要求。机械化施工还可拓展设计理论和方法的应用空间。

6)铁路机械化施工促进了社会化生产技术水平的提高和发展

古往今来,"工欲善其事,必先利其器"这一千年古训早已成为人类改造自然的基本法则。人类征服自然的过程,实质上也是不断改进劳动工具,提高劳动生产力的过程,这是人类社会发展的必然选择。铁路施工机械作为铁路建设生产活动的劳动工具,也是在不断改进和更新中发展的。人们为了提高生产能力,追求更高的经济利益,总是针对不同的施工需要,不断地改进、革新旧机械,发明创造新机械,这样必将促进社会化生产技术水平的提高和发展,这是铁路建设生产技术发展的必然趋势。

3. 机械化施工现状

目前我国铁路建设中,机械化施工组织及其管理还是个薄弱环节。较多的企业不会合理地进行机械组配,一些企业对机械化施工不能很好的组织管理,因而出现一系列的问题,致使

机械台班大量浪费,甚至造成亏本。

今后随着机械化施工技术水平的不断进步,机械化施工的组织管理显得更加重要。工程管理必须要对机械化生产的每一个环节或每一个操作进行深入研究,对机械化生产每一天的使用消耗进行统计分析。现在的施工机械更向着联合型、多功能型,甚至是半自动化、电脑化方向发展。专业技术人员应顺应形势的发展,从科学角度掌握机械化施工的客观规律。

典型工作任务 4.2　机械化施工组织设计的编制

4.2.1　工作任务

通过本任务的学习,学生能够掌握机械化施工组织设计的内容及编制方法;在编制机械化施工组织设计时,学生需要注意的一些原则以及考虑的一些影响因素;理解机械化施工组织设计的特点;学会机械化施工组织设计中的进度图表的绘制。

4.2.2　相关配套知识

1. 机械化施工组织设计的原则及任务

1)机械化施工组织设计的基本原则

机械化施工生产过程中,与其他施工组织措施的配合是否合理、经济,能否保证整个工程项目施工连续均衡地进行,只有通过对施工机械加以限制和规定,让其成为施工过程中配合、刺激进度的因素,才能使整个施工组织设计更好地完成。一般应该遵循以下原则:

(1)施工连续高效运转,确保满足工程质量标准、技术标准;

(2)主导机械选择、控制合理,配套机械的选择与周围环境条件协调一致;

(3)提高机械的使用率,满足均衡使用要求,降低人员的工作强度;

(4)安装调试简便,转场运输方便,不形成交叉作业;

(5)降低机械使用费,减少机械闲置,配套机械协调作业达到经济目标。

2)机械化施工组织设计的任务

机械化施工组织是针对施工机械的充分、合理利用所展开的组织活动。机械化施工组织应与施工总进度计划保持一致性,并服从施工总进度计划的总体安排和要求。事实上,机械化施工组织是在合同段的施工全过程组织的基础上进行的,并与施工全过程组织相辅相成。在进行机械化施工组织时,首先应根据施工总进度计划中对各项施工任务的具体施工日程安排和施工方法的要求,确定施工过程各时段的机械设备供应计划。其次,在满足总进度计划的施工需要的前提下,以充分和合理利用施工机械设备为出发点,再对设备供应计划中的各种资源进行调整和优化,进而达到使施工机械均衡和连续生产的目的,力求最大限度地发挥施工机械的效能及作用。由此可见,机械化施工组织设计的主要任务是:

(1)合理选用机械,力求最大限度地发挥机械的效能;

(2)针对不同的施工方案和施工条件,确保各种机械的最佳匹配;

(3)进行机械化施工平面组织设计,合理布设机位和运行路线,避免机械运行和操作冲突,保证施工顺畅和安全;

(4)制定合理的机械维修及保养计划,提高设备利用率,保证机械化施工的连续性;

(5)核定机械作业量,确定机械种类和需要量,安排机械使用及作业调配计划;

(6)合理进行关键工程的施工机械组织,力求提高生产率,缩短作业工期;

(7)合理安排机械化施工进度计划。

2. 机械化施工组织设计的内容

不论是施工企业、业主,还是监理单位,对一个工程项目来说,施工组织设计的内容安排、文件编制等方面都是一致的。例如招投标的组织文件,开工前的组织文件,施工中阶段性组织文件,都对机械化施工的组织提出相应的要求,其具体内容对整个工程项目而言,分机械化施工总体计划和分部分项工程计划。

1)机械化施工总体计划内容

(1)确定施工计划总工期。

(2)重点工程的机械施工方案和方法。

(3)机械化施工的步骤和操作规程,相关的机械管理人员。

(4)机械最佳配合,各季度计划台班数量。

(5)机械施工平面设置与机械占地布置。

(6)确定机械施工的总体进度计划。

2)机械化施工的分部分项工程计划内容

(1)分部分项工程日进度计划图表。

(2)工程项目机械配合施工的安排计划(施工方法及机械种类)。

(3)机械施工技术,安全保证措施。

(4)机械检修、保养计划和措施。

(5)机械的临时占地布置和现场平面组织措施。

3. 机械化施工组织设计的影响因素

1)机械完好率

机械需要经常维修和保养,使其处在正常的工作状态,才能保证施工业的连续性,达到最大负荷运转,这是保证机械完好率的先决条件。否则,进场的机械很多,可以利用的较少,部分机械即使可以勉强使用,又因机械故障频出导致机械作业断断续续,这样,不仅影响作业进度,同时也增加了许多随机的组织协调和调度工作。因此施工机械只有经常维修和保养,才能达到施工的要求,以保证施工组织计划的顺利实施。

2)气候条件

不同地区的气象特征不同,南北方温度差异很大。当施工地点的气温过低或气温与大气压过高时,均会影响施工机械的作业效率,降低生产率。同时机械作业过程本身就要产生大量的热,所以在夏天应考虑机械的散热和降温,如补加机油、常换冷却水、间隔施工、机械交替作业等,这些都会影响施工组织计划,必须在开工前对机械可能遇到的发热、危险情况做充分的准备或设计。冬季气温降低,必须做好防冻措施,比如冬季加防冻液或夜间放掉冷却水,油箱包裹起来;同时也要做好施工运转时的保温措施,如支撑遮风棚、包裹油箱、热水加温等。故在机械化施工组织时,必须要考虑自然条件的影响。

3)施工方案及其配套机械

施工方案的完成必须有配套的机械,在型号、功率、容积、长度等方面要达到施工方案的要求,否则就会降低工程进度,影响工程质量,甚至损耗机器。由于铁路工程机械种类多,而施工方案也不能一概而论,故在本项目的典型任务 4.3 "施工机械的选型与配套"做了介绍,供参考。施工方案与配套机械是相辅相成的关系,确定施工方案有时以选择主导机械为主,在施工方案确定的情况下,配套机械选择又会受到施工方案的限制。可见,施工方案是机械化施工组织重点考虑的因素,也是机械选型匹配的重要依据。

4)机械配套技术

在综合化作业过程中,如果工程主导机械的选择是正确合理的,能够持续稳定地进行施工作业,则其配套机械的好坏也会直接影响作业进度。因此,在机械化施工组织中,施工机械的选型与组合必须考虑:

(1)施工机械的技术性能应满足工程的技术标准要求;

(2)必须具有良好的工作性能;

(3)必须具有足够的工作稳定性及可靠性;

(4)尽量采用同厂家或品牌的配套机械,以保证最佳匹配和便于维修保养;

(5)为了充分发挥机械效能,保证工作效率,配套机械的匹配次数不宜过多;

(6)对配套机械必须定时定期的检修,不能因为一台机器故障,而使整个施工生产停工。

5)机械操纵熟练程度及操作员间的配合

对施工影响的另一个因素是机械操作员对操纵机械的熟练程度以及同一机械设备系统需要多个操作员时各个操作员之间的配合程度,机械操作员首先必须熟知机械操作规程,若操作员技艺纯熟,施工速度快、产出高,施工质量也有保证。否则,进度慢,效率低;其次,要熟悉技术标准和施工规范,如低等级公路路面层施工时,采用平地机进行整平作业,操作员的操作技能对摊铺质量和进度的影响就是非常明显的;第三,充分激发其积极性和责任心,或采用效益和责任包干的方式,让操作员坚守工作岗位,兢兢业业工作。机械操作员的有效配合是保证机械化施工顺利进行的必要条件。

6)耐用台班数与使用寿命

机械的耐用总台班是指机械设备从开始投入使用至报废前所使用的总台班数。使用寿命是在正常施工作业的条件下,在其耐用总台班内,按规定的大修理次数划分的工作周期数。实用台班数量如果超过耐用总台班,则经济效益好,否则即差。在施工组织管理中,正确估价和计算现场机械的使用寿命和已用总台班,有利于合理处理闲置的台班数量,以保证施工现场机械的连续运转。否则,当机械已接近或达到使用寿命,使用完耐用总台班还在超负荷运转,就会使出现现场停机或施工中断现象。

4. 机械化施工组织设计的特点

1)机械化施工的作业方式与施工特点

机械化施工具有两种形式,即单机或综合机械化作业方式。无论以什么方式作业,机械化施工都具有以下施工特点:

(1)施工机械能够完成人力不及或具有一定风险性的施工作业:自然条件和施工条件虽然是影响机械化施工效果的关联因素,但在特殊的自然条件和施工环境中,人力达不到的质量要求或人工作业存在一定风险的施工任务,均可通过机械作业完成并可达到预期的效果。

(2)施工机械可从根本上改变劳动条件:只要有可能,采用机械化施工便可彻底改善劳动条件,提高生产力。

(3)施工机械可以大幅度提高劳动生产率:机械施工与人力劳动相比,其生产效率可提高几十倍甚至上百倍。

(4)施工机械具有机动灵活的特点,可以长时间连续作业。机械化作业的活动范围大,有效工作半径长,移动方便、迅速,可以针对作业量较大的施工任务长时间进行连续作业,还能适应流动性大的工程施工。

2)机械化施工组织与施工全过程组织的区别与联系

机械化施工组织与施工生产过程组织是既有联系、又有区别的两种不同的施工组织活动,二者区别如下:

(1)组织目的不同

机械化施工组织的主要依据是施工总进度计划,它是在服从总进度计划的施工组织安排的前提下,在满足总进度计划的统一要求的基础上,针对主要机具设备的供应计划所进行的资源整合和优化,其目的是:

①合理选用和配置各个施工环节的施工机械,充分发挥各种机械的效能;

②合理利用施工机械设备,充分发挥施工主导机械的作用,提高相应施工环节的生产率,加快关键工程等重要施工环节的作业进度;

③科学维护和保养施工机械设备,提高机械完好率,保持机械作业过程的正常工作状态,从而保证施工总进度计划的顺利实施;

④优化可供利用的设备资源,合理进行机械的组织和调配,提高机械的利用率,保证施工机械能够连续均衡的进行生产作业,避免机械损失和浪费,提高经济效益。显然,机械化施工组织仅仅是针对施工机械资源的合理配置和利用而进行的组织活动,且这些资源的配置及需求量是由施工总进度计划所决定的,而施工过程组织的目的是全过程、全方位地合理安排各项施工生产活动。

(2)组织对象不同

施工组织的对象是施工过程,如分部分项工程或半成品,而机械化施工组织的对象是完成这些施工过程(施工任务)所需配置的机械资源,即考虑机械资源配置的合理性、实效性和利用率。

(3)组织内容不同

施工组织的主要内容包括时间组织和空间组织两个方面。施工组织的成果是施工进度计划,它是遵循施工生产的客观规律,按照时间和工艺顺序,对施工全过程的各项生产活动及其施工资源作出的科学合理的计划安排;而机械化施工组织只是施工组织的一个组成部分,仅仅针对机械设备资源的优化利用而言。

(4)侧重点不同

施工组织强调生产活动计划的合理性;机械化施工组织设计强调机械资源利用的实效性。

3)机械化施工组织设计特点

由以上比较可以看出,机械化施工组织设计有其自身的特点:

(1)机械化施工组织的宗旨是最大限度地保持机械作业的均衡性和连续性;

(2)机械化施工组织的重点是机械资源配置的合理性、实效性和利用率;

(3)与施工组织设计比较,组织内容单一;

(4)机械化施工组织具有从属性。即机械化施工组织是在施工总进度计划的基础上进行的,服从并从属于施工总进度计划的机械作业时间安排,它是为了总进度计划顺利实施而进行的组织活动;

(5)机械化施工组织以资源组织为主。施工组织主要以"计划组织"为主,需要安排各项生产活动的次序和时间,确定计划工期;机械化施工组织主要以"资源组织"为主,主要是合理配置各项施工活动的机械资源,解决机械设备资源的合理配置和有效利用问题。

5. 机械化施工进度图表编制

机械化施工进度图表一般使用横道图、垂直图、管理曲线图、网络图。横道图与垂直图在项目三已作过详细介绍,网络图在项目四已作详细介绍,在此只从机械化施工方面来讲这三种图的具体制作方法,并简单介绍管理曲线方法。

1)确定主要机具、设备作业计划

主要机具、设备的供应计划反映了完成合同段的全部施工任务所需要的机种以及各机种的需要量、规格型号、作业开始及结束时间和各机种作业的延续时间。它是机械化施工组织的基础,也是优化设备资源,协调、调度和安排机械作业的依据。主要设备机具的供应计划根据施工总进度计划制定。

2)机械化施工台班的横道图制作方法和步骤

(1)确定各机械化施工工序的主导机械种类、功率;

(2)绘制一般工程施工进度横道图,完全按项目三介绍的方法制作,但仅限于有机械施工的工序。

(3)将横道线上的数字用机械台班的数字代替。

(4)绘制机械台班分布图,并将分布图统计为详细计划表。

(5)合理确定配套机械的种类、功率。

图 4.1 为某工程主导机械施工横道计划图。

序号	名称	数量	单位	台班数量	工序工期	机械化施工进度										备注
						1月	2月	3月	4月	5月	6月	7月	8月	9月	10月	
0	准备工作	2 714	m²	90		2										载重车
1	汽车运材料	6 147	m³	2 140				11								载重车
2	集中土方开挖	53 471	m³	182			9									挖掘机
3	汽车运土石方	63 714	m³	1 452			12									自卸车
4	桥梁混凝土	1 436	m³	120						1						自卸车
5	管涵安装	625	m³	68							1					起重机
6	桥涵吊板	382	m³	45							1					起重机
7	沿线设施安装	253.5	t	120									1			电焊机

图 4.1　某工程主导机械施工横道计划图

3)机械化施工台班网络图的制作方法和步骤

(1)确定各机械化施工工序的主导机械种类、功率。

(2)分析各项工作之间的相互关系,列出逻辑表达式。

(3)尽量采用水平箭线或折箭线,按从左到右、从上到下的方向排列。

(4)在保证网络图逻辑关系正确的前提下,合理布局图面,应层次清晰、重点突出、减少箭线交叉,密切关系的工作应相邻布置。

(5)使用虚箭线将没有逻辑关系的工作断开。

(6)绘制机械台班分布图,并将分布图统计为详细计划表。

(7)合理确定配套机械种类、功率。

图 4.2 为某工程主导机械施工网络图。

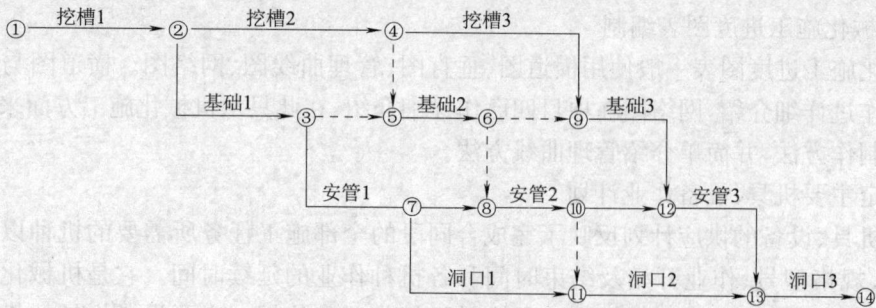

图 4.2　某工程主导机械施工网络图

4)管理曲线方法

管理曲线方法是建立在横道图方法的基础上的,对统计机械的成本费用,判别机械作业计划与实际进度的差别,都能够形象地反映在图纸上。一般地,机械作业量及其累计量画在纵坐标上,时间作为横坐标。其绘图步骤如下:

(1)做好横道图计划的复制件,并将机械施工工序的机械作业量计算出来,按累计方法计算累计时间段的累计量(可按机械成本总费用比例与机械总台班数量比例两方法累计);

(2)在横道图上用累计百分比的方法标注纵坐标刻度,以时间单位为横坐标刻度;

(3)按计算出来的累计量在图纸上标点,并用曲线尺连接各点形成"S形"曲线;

(4)当做出进度计划的曲线以后,随着实际日进度的完成,统计机械作业量并将累计量在图纸上标点,并用曲线尺逐点连接各点,看是否形成"S形"曲线,并与计划"S形"曲线比较;

(5)时刻关注实际进度点与计划点的差异,作出书面报告及时汇报。

图 4.3 为某工程的管理曲线图。

典型工作任务 4.3　工程施工机械种类

4.3.1　工作任务

了解一项铁路工程施工项目所需要进行的工程类别;掌握每一项工程类所需要用的工程机械有哪些? 熟悉常见的一些工程机械的施工用途,以便为机械化施工组织设计中的施工机械的选择与配套做好知识储备。

4.3.2　相关配套知识

1. 土方工程机械

1)土方工程机械种类简介

土方工程施工机械主要包括推土机、装载机、挖掘机、铲运机、平地机、压路机、凿岩机以及石料破碎和筛分设备,根据工程的作业要求,选择不同的机械设备。下面对这些设备做一简单介绍:

(1)推土机

推土机是一种自行式短距离铲土运输机械,它的特点是所需作业面小、机动灵活、转移方便、短距离运土效率高、干湿地都可独立工作。土石方施工的季节性较强,对工程量较为集中的土石方工程一般采用履带式推土机。推土机一般用于经济运距 50~100 m 的短距离推运土方、石方、渣土等,也用于开挖河渠、填筑堤坝、平整场地、砍树挖根、堆集砂砾石等作业。

工作名称	工程成本（千元/d）	工期（月）

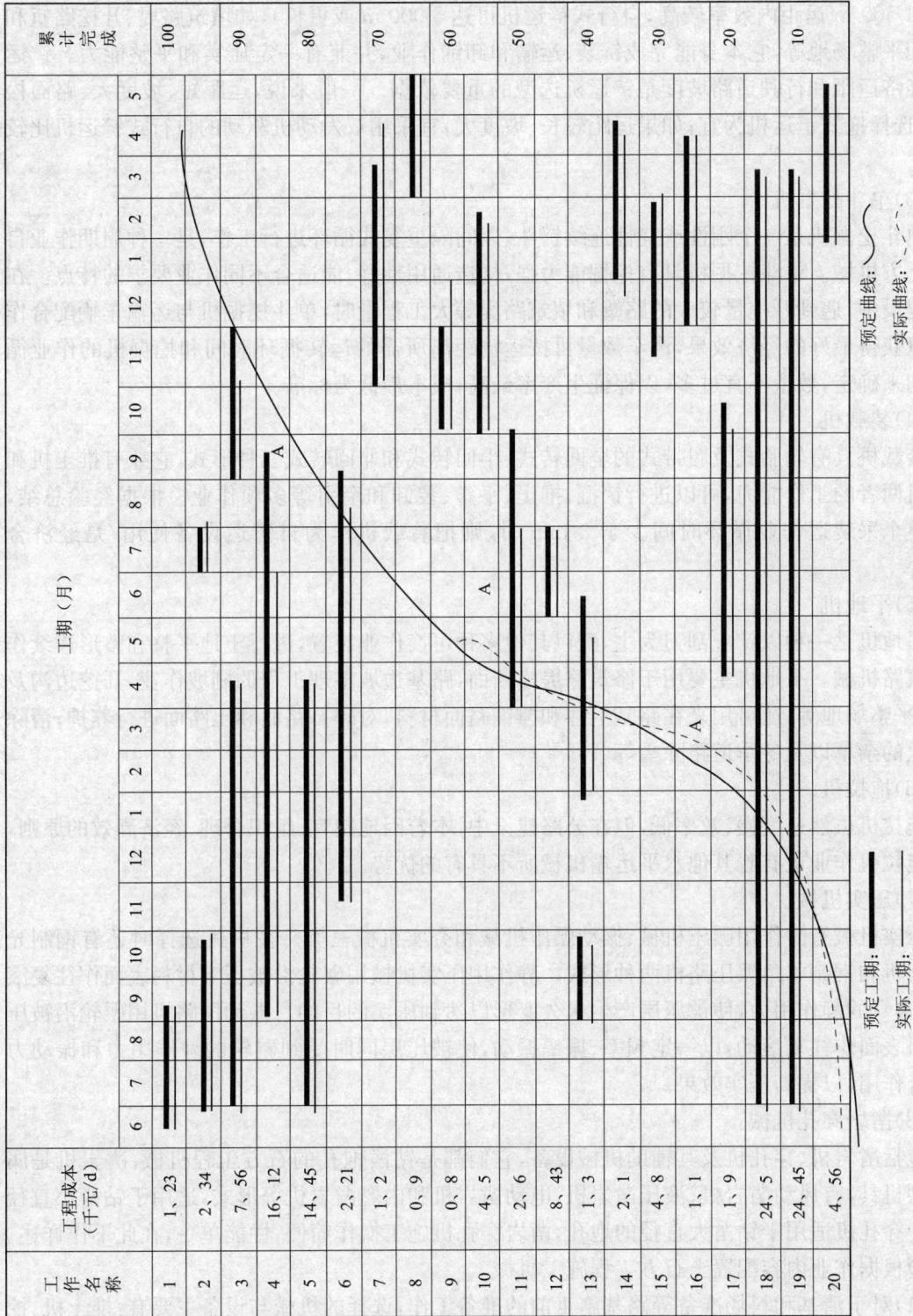

图 4.3　某工程的管理曲线图

预定曲线：
实际曲线：

预定工期：
实际工期：

累计完成

100　90　80　70　60　50　40　30　20　10

(2)铲运机

铲运机是一种循环作业式的铲土运输机械,主要用于中等运距的土方工程(拖式铲运机100～1 500 m 运距内效率较高,自行式铲运机可达 5 000 m 或更长),如填筑路堤、开挖路堑和大面积平整场地等,它本身能完成铲装、运输和卸铺作业,并兼有一定压实和平整能力。铲运机的经济运距和行驶道路坡度是铲运机选型的重要依据。一般来说,运距短、坡度大、路面松软,以选择拖式铲运机为宜;如果运距较长、坡度大,宜采用双发动机驱动的自行式铲运机比较经济。

(3)单斗挖掘机

单斗挖掘机是一个刚性或挠性连续铲斗,以间隔重复式循环进行工作,是一种周期作业自行式土方机械。单斗挖掘机具有挖掘能力强,构造通用性好,能适合不同作业要求的特点。在公路建设中,遇到开挖量较大的路堑和填筑路堤等大工程量时,单斗挖掘机与运输车辆配合作业可以获得最好的经济效果,汽车数量可按运输距离所需的运转循环时间和挖掘机的作业循环时间来确定,数量不宜过多,以保证生产率最高,成本最低为标准。

(4)装载机

装载机具有轮胎式及履带式的全回转式、半回转式和非回转式三种形式,它兼有推土机和挖掘机两者的工作能力,可以进行铲掘、推土、平整、装卸和牵引等多项作业。根据经验总结,如果整个采装运作业循环时间少于 3 min 时,则把装载机作为自铲运设备使用,是经济合理的。

(5)平地机

平地机是一种以铲土刮刀为主,配以其他多种可换作业装置,进行土地平整和整形连续作业的筑路机械。平地机主要用于修筑路堤横断面,路基边坡整理工程的刷坡作业,开挖边沟及路槽,平整场地等;还可用来在路基上拌和摊铺路面材料,对碎石路面和土路面进行养护;清除路肩上的杂草以及冬季道路除雪等。

(6)拖拉机

拖拉机虽然速度慢、效率低,但在公路建设中,本着因地制宜、组织合理、经济高效的原则,使用拖拉机作业也有着其他水平运输机械所不具有的优势。

(7)压实机械

压实机械有静作用碾压机械、振动碾压机械和夯实机械三类。在机械选择时还有钢制光轮压路机和钢制羊角碾压路机两种形式。静作用压实机械用碾轮沿被压实材料表面作往复滚动,靠自身的静作用力,使被压层产生永久变形以达到压实的目的。振动压路机用碾轮沿被压实材料表面作往复滚动,以一定频率、振幅振动,使被压层同时受到碾轮的静作用力和振动力的综合作用,以提高压实效果。

(8)凿岩穿孔机械

包括凿岩机、穿孔机及其辅助机械设备,它们都是钻凿炮孔的石方工程机械,凿岩机是属于小型机具,有风动凿岩机、液压凿岩机、电动凿岩机和内燃凿岩机等形式,适用于钻凿小直径炮孔。穿孔机适用于钻凿大直径的炮孔,凿岩穿孔机施工操作简便,性能单一,在此不作详述。

2)根据作业内容配置土石方工程施工机械

(1)对于清基和料场准备等路基施工前的准备工作,选择的机械与设备主要有:推土机、挖掘机、装载机和平地机等;遇有沼泽地段的土方挖运任务,应选用湿地推土机。

(2)对于土方开挖工程,选择的机械与设备主要有:推土机、铲运机、挖掘机、装载机和自卸汽车等。

（3）对于石方开挖工程,选择的机械与设备主要有:挖掘机、推土机、移动式空气压缩机、凿岩机、爆破设备等。

（4）对于土石填筑工程,选择的机械与设备主要有:推土机、铲运机、羊足碾、压路机、洒水车、平地机和自卸汽车等。

（5）对于路基整型工程,选择的机械与设备主要有:平地机、推土机和挖掘机等。

2. 桥梁工程施工机械

1）普通铁路用架桥机

普通铁路用架桥机主要用于普通铁路桥梁的架设安装。普通铁路用架桥机按受力形式的不同可以分为悬臂式架桥机和简支式架桥机两大类。

（1）悬臂式架桥机

悬臂式架桥机结构简单,容易制造,操作也方便。但悬臂式架桥机在架梁过程中,需铺设岔线喂梁和吊梁走行,加之轴重较大,因此要求线路标准很高,增加量临时工程工作量。另外悬臂式架桥机重心也较高,稳定性较差,作业不太安全。所以,已逐步被其他形式的架桥机所代替。

（2）简支式架桥机

简支式架桥机将机臂前端用支腿支撑在前方桥墩或桥台上,改善了整机特别是机臂的受力状况。简支式架桥机有单梁架桥机和双梁架桥机两种。单梁架桥机轴重轻,对桥头线路无特殊要求,架梁时稳定性好;能依靠自身装置装梁、自行运梁、直接喂梁,机械化程度较高;机臂能升降、摆动、前后伸缩;可以在曲线上和隧道口架梁;同时单梁架桥机还可以将架梁和铺轨工作一次完成,简化了架梁工艺,工作效率较高。双梁架桥机除有单梁架桥机优点外,还具有梁片可以直接从运梁平车上起吊,不需要换装;可以一次将梁片架设到位;可以在前后方向反向双向架梁等特点。

2）高速铁路用架桥机

高速铁路用架桥机由于 PC 梁非常重（秦沈客运专线 24 m 整孔箱梁及吊具约 600 t,京沪高铁 32 m 整孔箱梁设计重量及吊具约 880 t）,因此全部采用简支形式。在秦沈客运专线施工中使用的有以下五种类型:双跨承载三支腿架桥机（如 JQ600 型架桥机）、单跨承载三支腿架桥机（如 SPJ450/32 拼装式架桥机）、单跨承载四支腿架桥机（如 DF450 型架桥机）、下导梁式架桥机（如 JQ600 型下导梁式架桥机）、吊运架一体机。JQ600 型下导梁式架桥机由于吊梁是,吊点固定,安全可靠,故特别适合于大吨位整孔箱梁吊装。

3）公路用架桥机

公路用架桥机由于预制梁比较轻,常用万能杆件、贝雷片、军用梁等组件拼装而成。

4）造桥机

造桥机是一种自带模板,利用两组钢箱梁支撑模板,对混凝土梁进行逐孔现场浇筑的施工机械。造桥机工作时,整个模架在靠托架支撑的支持台车作用下,可以实现纵移、横移和竖移。底模在横移油缸作用下,实现开合并可通过底模螺杆调整高度。内模在内模小车的作用下实现走行、开、合等动作。而模板成型面则靠螺杆来支撑并调节,支撑螺杆将力传给主梁。

5）缆索起重机

缆索起重机是兼有垂直运输和水平运输的起重设备,它不受气候和地形条件的限制,具有跨度大、速度快、效率高、总体结构简单、造价低廉、施工周期短等突出优点。在拱桥的施工中得到广泛应用。

6)跨缆起重机

跨缆起重机是悬索桥施工中采用垂直提升法吊装加劲梁时所使用的一种专用起重设备。跨缆起重机主要有两种形式:卷扬机滑轮提升式和液压提升式。卷扬机滑轮提升式跨缆起重机采用钢丝绳、滑轮组和卷扬机组成卷扬系统作为提升机构;液压提升跨缆起重机采用液压提升技术,用连续液压提升千斤顶,钢绞线作为提升机构,提升机构自重轻,造价低,在许多跨度悬索桥施工中得到了广泛的应用。

3. 隧道工程施工机械

开挖隧道的方法通常分为明挖法和暗挖法量大类型,所谓明挖法就是从地表向下开挖,先把隧道上方的地层全部挖去,然后修筑衬砌,再进行回填,把隧道掩埋起来。采用的机械设备通常是挖掘机等土石方机械和桩工机械。

暗挖法则是全部工程作业都在地下进行,它的主要施工方法有:钻爆法(又称矿山法)、盾构法和掘进机法。这里主要介绍暗挖施工法的机械配置。

1)钻爆开挖法(矿山法)施工机械

(1)钻孔机械:风动凿岩机、液压凿岩机、凿岩台车。

(2)装药台车。

(3)找顶及清底机械。

(4)初次支护机械:锚杆台车、混凝土喷射机、混凝土喷射机械手。

(5)注浆机械:包括钻孔机、注浆泵。

(6)装渣机械:包括轮胎式、履带式装载机、扒爪装岩机、耙斗式装岩机、铲斗式装岩机。

(7)运输机械:包括自卸汽车、矿车。

(8)二次支护衬砌机械:模板衬砌台车(混凝土搅拌站、搅拌运输车、混凝土输送泵)。

2)盾构法施工机械

盾构的形式多样,按照不同的分类方法可以分为以下几类:

(1)按掘削方法分为人工开挖式盾构、半机械化盾构和机械化盾构三种;

(2)按断面形状分为圆形盾构、半圆形盾构、矩形盾构和马蹄形盾构四种;

(3)按开挖工作面状态分为开胸式盾构、闭胸式盾构、气压或局部气压式盾构、泥水加压式盾构、土压式盾构和插板式盾构。

盾构机主要由盾壳、刀盘、刀盘驱动、双室气闸、管片拼装机、排土机构、后配套装置、电气系统和辅助设备组成。机械化盾构有多种形式,主要有刀盘式、行星轮式、铲斗式、钳爪式、铣削臂式和网格切割式盾构。

由于隧道的类型不同,使用的施工机械也不相同,有的隧道用一般的土石方机械即可施工,有的隧道需专用施工机械,如:使用全断面掘进机(TBM)、臂式掘进机(EPB)、液压冲击锤等。所以根据施工方法的不同需配置不同的设备。

3)掘进机法施工机械

按照工作机构切割工作面的方式,掘进机可分为部分断面隧道掘进机和全断面隧道掘进机两大类。部分断面掘进机主要用于软岩和中硬岩隧道的掘进,全断面隧道掘进机主要用于掘进坚硬岩石隧道。

由于部分断面掘进机具有掘进速度快、生产效率高、适应性强、操作方便等优点,在隧道掘进工作中得到了广泛应用。

全断面掘进机按切削头的回转方式分为单轴回转式和多轴回转式;也可按刀盘上的刀具破碎岩石的方式分为切割式、铣削式、挤压剪切式和滚压式;最常用的分类方式是按掘进机为适应地质条件有无护盾分为开式、单护盾式和双护盾式。

4. 路面工程施工机械

路面工程机械包括稳定土拌和机和厂拌设备、沥青乳化设备、沥青运输车及洒布车,沥青混合料拌和设备及摊铺机、水泥混凝土摊铺机等。

1)稳定土拌和机及厂拌设备

稳定土拌和机有履带式和轮胎式的前置式、中置式、后置式三种,主要是把无机结合料(石灰、粉煤灰、水泥)、土(碎石土、砾石土、天然料)、细料(碎砾石、炉渣)、水等材料,按照施工配合比在路上直接拌和的机械。稳定土厂拌设备是将土(碎石土、砾石土、天然料)、碎石、砾石、碎砾石和无机结合料(水泥、石灰、粉煤灰)、水等材料按施工配合比在固定地点拌和均匀的专用设备。其优点是所需配套设备少、占地少,级配精度高,拌和质量好;缺点是需安装在固定地点作业,整机庞大,还需配置运输车辆才能将成品运至施工现场,因此成本较高。

2)沥青乳化设备

沥青乳化机是将沥青破碎成微小的颗粒,稳定而均匀地分散到含有乳化剂的水溶液中,形成水包油液体的机械,它是沥青乳化的关键设备。乳化机有搅拌式、胶体磨式、喷嘴式三种。

3)沥青混合料拌和设备

沥青混合料拌和设备对集料进行掺配、加热、干燥,并与沥青拌和,是专业生产沥青混合料的大型配套设备。拌和设备有强制式和滚筒式的固定式、半固定式及移动式三种。拌和设备可提高沥青混合料成品品质,减少环境污染,实现振动搅拌和无尘搅拌。

4)沥青混合料摊铺设备

沥青混合料摊铺机有机械式和液压式的履带式、轮胎式、拖式三种形式。将拌和基地拌和好的混合料运至现场后,再将沥青混合料均匀地摊铺在已修整和平整好的路面基层上,螺旋输送器将混合料铺开,然后由振捣梁对铺开的料层进行初步捣实,并有熨平装置完成加热熨平整形工作。其过程实现自动控制面层厚度,自动调整路拱横坡,自动控制平整度,是现代化施工技术的集中代表。

5)水泥混凝土摊铺机

水泥混凝土摊铺机是将水泥混凝土均匀地摊铺在路面基层上,然后经过振实、整平等作业程序,完成水泥混凝土路面铺筑的路面机械。它有轨道式和滑模式两种形式。轨道式摊铺机靠固定在路基上的轨道、模板来控制摊铺厚度和平整度,一般由布料机、振实机、整平机、表面抹光机等组成;滑模式摊铺机将各作业装置安装在同一机架上,通过位于模板外侧的行走装置随机移动滑动模板,就能按照要求使路面板挤压成型,并可实现多种功能的摊铺,如摊铺路肩、路牙等。

5. 轨道工程施工机械

铺轨机是用于铁路新线施工和既有线改造工程中铺设轨道的专用设备。铺轨机铺设轨道的方法有轨排铺设法和散枕铺设法两种。轨排铺设法是先将轨枕和钢轨组装成轨排,再运输到现场,将轨排铺设到道砟上。一次铺设长度一般为 25 m,最长可达 200 m。散枕铺设法是先将钢轨预置在道砟两侧,铺轨机一边在道砟上布放轨枕,一边将预置在道砟两侧的钢轨收拢就位。

1)轨排铺设设备

轨排铺设设备按构造特点可分为龙门架铺轨机、低臂铺轨机和高臂铺轨机三大类。

(1)龙门架铺轨机

龙门架铺轨机是机身不在所铺设的轨道上走行,而是在预先铺设的线路以外的轨道上走行的一种铺轨机械。84 型龙门架铺轨机的铺轨龙门架主要由上龙门架、主动支腿、从动支腿、托架、电缆卷筒、吊架、起升机构、液压系统、电气系统等组成。

(2)低、高臂铺轨机

低臂铺轨机是主梁前端支撑在路基上,主梁后端安装在车辆底架端部,龙门小车在主梁上运行并起吊轨排,能在自己所铺的轨道上进行作业的铺轨机械。

高臂铺轨机则是主梁用立柱或桁架安装在整机的高处,依靠悬挂在主梁上的吊轨小车运行并起吊轨排,能在自己所铺的轨道上进行作业的铺轨机械。

PGX-30 型高臂铺轨机由主机、机动平车和倒装龙门架组成。

2)PC-NTC 型铺轨机组

PC-NTC 型铺轨机组是一种无缝线路的铺轨机,采用单枕铺设作业法,一次铺设长度可达 250 m。其铺设精度可以达到枕间距误差小于 20 mm,铺设轨道中心线与线路设计中心线的偏差不大于 30 mm,可以满足高速铁路铺设初始平顺性的要求。PC-NTC 型铺轨机组由牵引车辆、作业梁、作业车、转运龙门吊、轨枕运输列车和专用运输平车等组成。

3)TCM60 型铺轨机

TCM60 型铺轨机,用"单枕法"铺设 300 m 长钢轨,改变了常规铺设 25 m 轨排再换铺长轨的传统方式。它由主机、辅助动力车、转运龙门吊以及一列(23 辆)双层轨枕运输车等组成。主机完成布枕、拖拉长钢轨、收拢长钢轨(将长钢轨从轨枕外收到沉轨槽内)、布放橡胶垫板作业;辅助动力车主要完成长钢轨分轨和推送、安装部分扣件的工作;双层车为主机提供轨枕和长钢轨。另外,TCM60 型铺轨机还专门配备了 2 台转运龙门吊,用于运送轨枕。1 号龙门吊离主机较远,2 号龙门吊离主机较近。

铺轨工程在铁路新线建设的施工总体组织中具有十分重要的位置。新线一经铺轨,就能利用列车在施工过程中负担大部分工程运输,也能很快开办临时客货运业务,为加速施工和尽早促进沿线地区经济开发创造了有利条件。铺轨工期的安排,又是决定新线所有其他基本工程项目工期的依据。

典型工作任务 4.4　施工机械的选型与配套

4.4.1　工作任务

学完本任务后,同学们能够针对在今后的工作中遇到的工程项目实际情况,选择效率高、成本低、工程质量好的施工机械,并能够进行合理的配套与组合,以期为自己所在单位创造良好的经济效益。

4.4.2　相关配套知识

施工机械种类、规格繁多,各种机械都有着自身独特的技术性能和作业范围,一种机械可能有多种用途,而某一施工内容往往可以采用不同机械去完成,或者需要若干机种联合工作。

为了获得最佳的技术经济效果,根据具体的施工条件,对施工机械进行合理的选择和组合,使其尽可能发挥大的效能,是机械化施工组织设计中的一个非常重要的环节。

1. 施工机械选型基本要求

1)施工机械选择的一般原则

工程量和施工进度是合理选择机械的重要依据。一般地,为了保证施工进度和提高经济效益,施工量大时采用大型机械,而施工量小时则采用中型、小型机械。但这不是绝对的,因为影响机械施工的因素是多方面的。例如,一项大的工程,由于受道路、桥梁等条件的限制,大型机械不易通过,如果为了运输问题而再修道路、桥梁,这是很不经济的,因此,考虑使用较小型的机械进行施工,更为合理。因此,选择施工机械时应遵循下述原则:

(1)保证工程质量要求

根据工程的技术要求,选择合适的施工机械是保证工程质量的重要因素之一。对于技术要求高的作业项目,应考虑采用性能优良或专用的机械,以保证工程质量和较高的生产率。但应注意不可片面追求高性能专用机械,应在满足工程质量要求的前提下,与机械的通用性相结合。

(2)先进性和安全性

新型的施工机械具有高效低耗、性能稳定、安全可靠、质量好等优点,更能保质保量的完成铁路施工任务。如在工程施工中机械车辆行驶稳定,有翻车或落体保护装置、防尘隔音、危险施工项目可遥控作业等。此外,在保证施工人员、设备安全的同时,应注意保护自然环境。施工现场及其附近已有的其他建筑设施,不应因采用机械施工而受到破坏或质量降低。

(3)经济性

施工机械经济性选择的基础是施工单价;主要和机械固定资产消耗及运行费等因素有关。固定资产消耗与施工机械的投资成正比,包括折旧费、大修费和投资的利息等费用;而机械的运行费用则是与完成施工量成正比的费用,包括劳动工资、直接材料费、燃料费、润滑材料费、劳保设施费等等。采用大型机械进行施工,虽然一次性投资大,但它可以分摊到较大的工程量当中,对工程成本影响较小。因此在选择机械时,必须权衡工程量与机械费用的关系,同时要考虑机械的先进性和可靠性,这是影响经济效益的重要因素。采用先进的机械设备,由于其技术性能优良、构造简易、易于操作、故障与维修费大大降低,最终可取得较好的经济效益。

(4)适应性

在路基工程中,施工范围非常广泛,施工条件千变万化,选用的施工机械一方面其类型应适合于工地的气候、地形、土质、施工场地大小、运输距离、施工断面形状尺寸、工程质量要求等;另一方面,机械的容量要与工程进度及工程量任务相符合,尽量避免因机械工作能力不足或剩余,造成延缓工期或机械利用效率太低的现象,在条件允许的情况下,尽量选择最能满足施工内容的机种和机型。

(5)合理组合

包括机械技术性能的合理组合和机械类型及其台数的合理组合。机群的合理规模由工程量、工期要求和机群的作业能力两方面的因素决定。机械组合要注意牵引车与配置机具的组合,主要机械和配套机械的组合。在组合机械时,力求选用统一的机型,以便维修和管理,从而提高铁路施工的水平。

(6)通用性和专用性

选用施工机械时要全面考虑通用性和专用性。尽可能用一种机械代替一系列机械,减少作业环境,扩大机械使用范围,提高机械利用率,方便管理和维修。

(7)利用与更新

现有机械的利用与更新,在选用施工机械时,应根据工地的实际情况,既要充分利用现有机械,又要注意机械的更新换代,加强技术改造,以求达到技术上合理,经济上有利,不断提高机械的利用率。

(8)易于调试和转场运输

在施工中,为了保证机械设备正常运转,需要对机械设备进行一系列的调试。选用设备时,需要考虑设备的调试简便,一般工人都能够完成调试工作。同时,还需要兼顾考虑设备的转场运输是否方便,以备下一工地使用。

2)施工机械选型的依据

工程施工中,选择机械时有各种各样的考虑。根据机械的技术性能,针对各项作业的具体情况,进行机械的合理选择配套。

(1)根据作业内容选择

根据施工作业内容合理选择施工机械设备。如路基工程施工作业内容包括:土石方挖掘、装载、运输、填筑、压实、整形及挖沟等基本内容,以及伐树除根、松土、爆破、表层清理和处置等辅助性作业,每种作业都由相应的施工机械完成。那么我们可以选择伐木机、履带式拖拉机和推土机、挖掘机、装载机等机械设备。

(2)根据土质条件选择

土、石是机械施工的主要对象,其性质和状态直接影响施工机械作业的质量、工效及成本等,因此,土质条件是选择机械的一个重要的依据。施工区的土质条件影响了机械设备的通行性(所谓通行性是用以表示车辆,特别是工程车辆在土质等条件限制下,在工地行驶的可能程度),也对各种施工作业的可能性和难易程度产生了决定性作用,工程特性不同的土质,施工时应选择不同的机械。

(3)根据运距选择

在路基工程施工中,选择施工机械时应考虑运输机械的经济运距和道路条件。所谓经济运距,是指机械施工时较为经济的范围。

(4)根据气象条件选择

气象条件也是影响机械施工的因素之一,如雨季、冬季施工时,应特别加以考虑。雨或积雪融水会直接影响土的状态,从而导致机械通行性下降,工作性能变坏。我国大部分地区都有程度不同的连续降雨天气,即雨季。在此期间,如不停工就不得不考虑使用效率差的履带式机械,代替干燥条件下机动灵活、效率较高的轮胎式机械进行作业。

(5)冬季施工使用的机械

冬季施工所使用的机械,应考虑进行冻土开挖、填筑、碾压等作业时,机械施工能否达到规定的技术要求,同时,应选用与破冻土等特殊作业相适应的机械,如松土器、冻土犁等。选择合适的施工机械,还要考虑与工程间接有关的条件,比如对较大的单位来说,同时可能承担几个不同的施工任务,这时应考虑机械设备相互之间的协调与配合。此外,诸如电力、燃料、润滑材料的供应,机械维修与管理,机械的迁移等,都对选择机械有一定的制约。要综合分析,抓住主要矛盾,选择经济适用的机械。

(6)作业效率

在计算施工机械生产率时,一般都是在假定的标准工作条件下进行的,但实际工程施工中,各种条件是千变万化的,那么,在特定的施工条件下,机械的工作能力(生产率),应是在计入作业效率后而确定。对于不同的机械,在相同条件下,作业效率是不相同的,准确地求出作业效率是困难的。

2. 施工机械配套的条件

1)施工机械配套的基本原则

(1)正确选择主导机械

选好既定工程的主导机械,其他机械必须围绕主导机械配套。如牵引车与配套机具的组合路基施工中,经常会有些辅助性机具或拖式机械没有独立的动力行走装置,需要配以另外的牵引车牵引工作,这时,两者组合要协调、平衡,应避免动力剩余过大,造成浪费,或动力不够而不能完成要求的作业。

(2)合理搭配机械的数量

各配套机械的工作能力必须与主导机械匹配,尽量减少配套机械的数量。因为组合数越多,其总的效率就越低,例如,两台效率均为 0.9 的机械组合时,其总效率只有:$0.9 \times 0.9 = 0.81$,而且每一组合中,当其中一台发生故障停车时,组合中的其他机械便无法正常工作。因此,在能完成作业内容的前提下,应尽量减少机械组合的数量。但需注意主要机械与配套机械的组合与主要机械相配套的配套机械,其工作容量、数量及生产率应稍有储备。机械的工作能力应配合适宜,以充分发挥主要机械的生产率。例如,挖掘机与运输车辆配合作业时,挖掘机的铲土容量与运输车车厢容量应协调,一般以 3~5 斗能装满运土车车厢为宜,以保证作业的连续性。

同一作业要尽量使用同一型号的机械,以便于维修管理。机械选型配套遇到困难,要有其他方案代替。

(3)采用合理的施工组织方案

配套机械施工的施工段之间要保持相对稳定,配套机械作业时要安排闲置台班备用。大型专业机械设备的购置与租赁,在配套选型中要合理处理,不能造成不必要的浪费。

除此之外,施工单位要结合机械装置情况及机械完好率、新购机械的可能性等具体实际情况,对机械进行选择和组合。因地制宜,机械化、半机械化相结合,确实做到技术上合理和经济上有利,达到两方面的有机统一。

2)机械配套必须满足的简便条件

(1)各机械的技术规格必须满足既定工程的技术标准。

(2)在工艺允许的条件下,尽可能采用重型机械并保证为其安排足够的工作量。

(3)机械必须具有良好的性能。

(4)机械必须具有良好的可靠性。

3. 施工机械的合理组合

施工机械合理组合分为技术性能组合和类型、数量组合。

1)施工机械技术性能的合理组合

施工机械技术性能组合包括以下三个方面:

(1)主要机械与配套机械的组合

配套机械的工作容量、生产率和数量应稍大一点,以便充分发挥主要机械的作业效率。例如,自卸运输车的车厢容积应是挖掘机铲斗工作容量的 3~5 倍,但不要大于 7~8 倍。

(2)主要机械与辅助机械的组合

辅助机械的生产率应略大一些,以便充分发挥主要机械的生产率。

(3)牵引车与其他机具的组合

两者要互相适应,不能出现"大马拉小车或小马拉大车"现象,以便获得最佳的"联合作业"效益。

2)施工机械类型与其数量的合理组合

(1)施工机械类型及数量宜少不宜多

根据建设项目的作业内容,尽可能地选用大工作容量、高作业效率的相同类型的施工机械。一般来说,组合的施工机械台数适当减少,有利于提高协同作业的效率。施工机械品种、规格单一时,便于施工过程中的调度、管理和维护。

(2)并列组合

只依靠一套施工机械组合作业,当主要施工机械发生故障时,就会造成建设项目全线停工。若选用两套或多套施工机械并列作业,则可避免或减少全线停工现象的发生。例如,沥青路面施工中人们多采用两套沥青摊铺机、压路机并列作业即为典型实例。

(3)经济车辆数的确定

在机械化施工中,运输车辆常与其他机械设备搭配组合进行综合机械化施工作业。这种组合方式在施工过程中运用较多,所占的机械使用费也比较高。如果运输车辆不能与其他机械设备进行最佳匹配,势必也会造成一定的机械损失或浪费。为此,现以土石方运输车辆与挖掘机或装载机的匹配为例,说明其最佳和经济匹配方法。

①一般方法

a. 铲斗容积比的选择。挖掘机和汽车的利用率达到最高值时的理论铲斗容积比(汽车容量与挖掘机斗容量之比)是随运距的增加而提高,随着汽车平均行驶速度增快而降低,即汽车的循环时间增加而提高的,表 4.1 列出了国内外运距与铲斗容积比的关系比较。

表 4.1　运距与铲斗容积比的关系比较表

运　　距	铲斗容积比		备　注
	国　　内	国外理论	
1~2.5 km	3~5	4~7	
3~5 km	7~8	7~10(宜取低值)	

b. 汽车的利用程度。汽车载重量的利用程度与铲斗容积比、汽车载重量或车箱容积以及土的密度等因素有关。车辆载重量的利用程度是考核配套合理性的一个重要指标。

装满自卸车车厢所需铲装次数 n 一般应满足:

$$\frac{Q}{W} \geqslant n \leqslant \frac{V}{V_1}$$

式中　Q——自卸车的载重量,t;

　　　W——铲斗中土的重量,t;

　　　V_1——铲斗中土的松方容积,m^3;

　　　V——铲斗容积,m^3。

一般 n 值在 3~5 之间为宜。

c. 与一台挖掘机、装载机配套的自卸汽车的车辆数。车队生产率应取挖掘机或装载机的生产率为宜。在生产率计算中,应计入配套机械的时间利用率,使其符合实际情况。

经济车辆数是由完成一定运输量规定的时间与一辆车运送一次所需时间之比决定的,其

中一辆车运送一次的时间包括装车时间、卸车时间、等待时间和往返时间,其公式如下:

$$N = T/t_1$$
　　　　　　　　　　　　　　　　　　　　　　　　（取大于此数的整数）

式中　N——与一台装载机配套适宜的自卸车辆数;

　　　　T——自卸车的工作循环时间。

$$T = t_1 + t_2 + t_3 + t_4 \text{(min)}$$

　　　　t_1——用装载机械装满一车厢所需时间;

　　　　t_2——重车运输行驶时间和空车返回行驶时间;

　　　　t_3——在卸料点倒车转向和卸料时间;

　　　　t_4——在装载机械进弯的倒车时间。

②优化方法

优化方法亦称排队论法。一般方法是以装车时间和行驶时间均是固定不变为前提的。但实际上,车辆的工作循环时间难以保持相等,因为在装载机械附近有时是排队等候装车,有时会无车可装,这就意味着降低了装载机的生产率。显然一般方法的计算结果不够精确,但作为估算,还是简单实用的。排队论法是用统计学来处理装车时间和行驶时间变化的方法。工程实践表明,采用排队论法求出的机械实际生产率和最经济的车辆数比较符合实际情况。挖掘机单位时间(每小时)装车数与单位时间(每小时)汽车到达的次数之比即为经济车辆数。

4. 施工机械的技术分析

1)施工机械对工程进度的影响

(1)保持施工机械在正常生产使用中的良好状态,重点考核其运转效率。

(2)施工工地及施工计划中是否有闲置的备用机械。

(3)机械故障的发生对机械本身的影响程度,以及对施工进度的影响程度。

2)施工机械对工程质量的影响

(1)带故障的施工机械对工程质量是否有影响。

(2)故障机械的修理费用与影响工程质量效果的比较。

3)施工机械的维修

(1)根据施工机械发生故障的频率,决定是否应尽快维修。

(2)施工机械发生故障的维修时间是否导致长时间停工。

(3)施工机械修理故障所需费用是否经济合理。

4)施工机械安全

(1)因机械故障可能引起的伤害程度。

(2)因机械故障可能引起的公害程度。

5)施工机械保养

(1)施工机械应每日保养、每周保养、每月保养。

(2)施工机械润滑要做到:必须在适当的时期进行,必须在适当的部位进行,必须用适当的润滑油,润滑油用量要适中。

项目小结

本项目着重介绍了铁路工程机械化施工的意义、作业方式与施工特点,机械化施工组织的作用、影响因素,机械化施工组织与施工全过程组织的区别,机械化施工组织设计的任务、内容、特点、进度图表的编制,施工机械的种类、选型与配套、合理组合和技术分析等内容。

本项目的重点:机械化施工组织设计的内容及编制;机械化施工组织设计的原则;编制机械化施工组织设计的一些影响因素;各个工程类别所需要的施工机械的种类;施工机械的选型要求及配套的条件。

本项目的难点:机械化施工组织设计的进度图表的绘制;机械化施工组织设计的编制具体操作方法;施工机械的合理选型与经济配套。

项目拓展

我国铁路隧道施工向机械化技术发展

随着城市轨道交通建设的发展,特别地铁项目,现在基本上在各个大中型城市正如火如荼地建设,那么相应地地铁施工中最重要的一项施工项目就是隧道施工。长期以来,出于成本等考虑,我国工程施工企业在隧道施工中大量使用农民工施工,这为广大农村劳动者提供了大量就业机会,同时推动了建设行业的发展。但由于城市地铁隧道施工对施工技术要求非常高,地质条件和水文地质条件复杂多变,地面交通和建筑物及管线对地铁施工带来不确定施工风险,建设标准的不断提高等因素,大量使用农民工的弊端就逐渐显露出来。这种粗放型施工管理模式,与铁路大规模建设的形势不相适应。正是在这样的背景下,一种新的管理模式——机械化配套作业成为大规模客专建设行业新的选择和契机。

我国铁路隧道机械化施工是自 20 世纪 80 年代才开始的,以衡广复线大瑶山隧道建设为起点,然后在大秦、南昆、京九、西康等铁路建设中推广完善,形成了多种机械化施工成套技术和设备配套模式。可以说,大瑶山隧道是我国铁路隧道钻爆法机械化施工技术发展的标志,20 世纪 90 年代西康铁路秦岭特长隧道则是全断面硬岩掘进机(TBM)施工技术发展的标志。

这两次技术飞越对我国隧道施工技术发展影响甚大。它不仅使隧道施工进度明显加快,而且使人们认识到大规模机械化作业是隧道施工技术的发展方向。

随着我国大规模铁路建设的展开,隧道建设的数量将越来越多,建设标准越来越高,建设条件更加复杂。贵广铁路共新建隧道 221 座,总长累计占正线长度的 53.9%。兰渝铁路线路全长 820 公里,隧道 230 座,总长累计占线路总长的 72%。现在,我国交通隧道的工程规模越来越大,技术难度也越来越高。为加快工程建设,必须迅速提高机械化施工技术水平。

没有机械化,就不会有快速施工,就难以在较短时期内完成各类大规模的隧道建设任务,这一点目前在铁路建设施工企业中已形成共识。而其他各种施工技术也必须在机械化条件下来实施,并且要与机械化施工的要求相适应才能继续发展下去。

铁路建设工程量浩大、施工工艺复杂、工程质量要求高、建设周期要求短,而且随着招投标制在我国的普遍实行,要求施工企业更加注重施工的经济效益。以现代化生产方式修建铁路是当今铁路建设的发展方向,机械化施工是实现铁路建设向现代化生产模式转变的重要措施,是铁路建设事业发展的必然趋势。

项目训练

1. 大力发展机械化施工的原因是什么？

2. 机械化施工组织设计的具体内容是什么？

3. 如何编制机械化施工组织设计的横道图和管理曲线？

4. 试利用表格法对工程施工机械种类进行比较。

5. 如何做好施工机械的选型与配套工作？

6. 阅读下列材料，并完成后面的作业。

(1)推土机是以履带式或轮胎式拖拉机引车为主机，再配置悬式铲刀的自行式铲土运输机械。推土机主要用于填筑路基、开挖路堑、平整场地、管道和沟渠的回填以及其他辅助作业。

推土机的特点：所需作业面小、机动灵活、转移方便、短距运土效率高、干湿地都可以独立工作，同时可以配合其他机械工作。

(2)铲运机可以在一个工作循环中独立完成挖土、装土、运输和卸土等工作，还兼有一定的压实和平地作用。铲运机主要用于较大运距的土方工程，如填筑路基、开挖路堑和大面积平整场地等。

铲运机的特点：运土距离较远，铲斗容量较大。

(3)平地机是用机身中部装置的刮刀进行铲土、平土的施工机械。平地机主要用于从线路两侧取土、填筑不高于 1 m 的路堤；修整路基的断裂面；修刷边坡；开挖路槽和边沟；大面积的场地平整。

平地机的特点：平地机是一种铲土、运土、卸土能同时进行的连续作业机械。

(4)挖掘机是以开挖土、石方为主的工程机械。挖掘机主要用于开挖路堑、填筑高路基等土、石方施工；更换不同的工作装置，可进行破碎、打桩、夯土、起重等多种作业。

挖掘机的特点：效率高，产量大，但机动性较差。

(5)装载机是用机身前端的铲斗进行铲、装、运、卸作业的施工机械。装载机可用来装载松散物料，同时还能用于清理、平整场地、短距离装运物料、牵引和配合运输车辆作装土使用。如更换相应的工作装置，还可以完成推土、挖土、松土、起重等多种作业。

装载机的特点：效率较高，操作简单，兼有推土机和挖掘机两者的工作能力。

请按照上述路基工程施工机械的概念、用途、特点等形式，查阅资料归纳总结桥梁工程施工机械、隧道工程施工机械、路面工程施工机械、轨道工程施工机械。

项目 5　网络计划技术

项目描述

网络计划技术是随着现代科学技术和工业生产的发展所产生的,是图论在生产组织中的应用,是运筹学的一个分支,是系统工程的基础理论之一。20 世纪 50 年代,网络计划技术作为一种科学有效的计划管理方法,解决了使用横道图难以表明施工中各项工作逻辑关系的问题。1965 年我国著名数学家华罗庚教授将网络计划引入我国,经过多年的应用、实践与发展使其不断完善,当今的网络计划技术与计算机联合应用,使得我国建筑施工领域进度计划的编制更加科学、合理,取得了很好的经济效果。

本项目主要描述网络计划技术的概念和表示方法,包括网络图的绘制,双代号网络计划、单代号网络计划时间参数的计算;时标网络进度计划的绘制及识读;网络计划的优化的方法和步骤。

教学目标

知识目标

1. 掌握网络图的组成及其表示方法;
2. 掌握网络图的绘图规则和绘制的方法;
3. 掌握网络图的时间参数计算及关键线路的确定;
4. 掌握双代号时标网络图的绘制方法及其在工程中的应用;
5. 掌握网络计划的优化。

技能目标

1. 能够根据工程工序之间的逻辑关系绘制网络图;
2. 能够根据网络计划,确定关键线路、总工期以及各工作的时间参数;
3. 能够根据双代号网络进度计划,绘制双代号时标网络进度计划;
4. 能够根据网络计划图,进行工期优化和费用优化。

素质目标

1. 培养学生良好的职业道德和吃苦耐劳的优良品质;
2. 培养学生分析问题、解决问题、积极思考、勇于探索、不断创新的能力。

典型工作任务 5.1　网络计划的基本概念和表示的方法

5.1.1　工作任务

通过学习,使学生掌握网络图的组成和表示方法;明确节点、箭线、工作等基本含义及特点;掌握网络图中工作间的逻辑关系表述的方法。

5.1.2　相关配套知识

1. 网络图

1)基本概念和表示方法

(1)网络图:是指由箭线和节点组成的,用来表示工作流程的有向、有序的网状图形,如图 5.1所示。

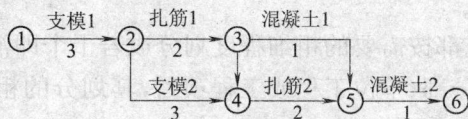

图 5.1　网络图

(2)表示方法:

①箭线:用"→"表示,箭尾表示工作的开始,箭头表示工作的结束,箭线可以画成直线、折线或斜线,画线时均从左至右绘制。

②节点:用"○"表示。节点对于一个网络而言,有起点节点和终点节点;对于工作而言有工作开始节点和完成节点。

③有向:是指箭头所指的方向即表示工作进行的方向和前进的路线。

④有序:是指反应工作之间先后顺序关系(逻辑关系),包括工艺上的先后顺序关系和组织上的先后顺序关系。

a. 工艺关系:生产性工作之间由工艺过程决定的,非生产性工作之间由工作程序决定的先后顺序关系,如图 5.2 所示。

图 5.2　工艺上的先后顺序关系

b. 组织关系:工作之间由组织安排需要或资源(劳动力、原材料、施工机具等)调配需要而规定的先后顺序关系,如图 5.1 所示的支模 1→支模 2;扎筋 1→扎筋 2。

2. 网络图的分类

网络图按表示方法不同分为单代号网络图和双代号网络图。

1)单代号网络图:以节点及其编号表示工作,以箭线表示工作之间逻辑关系的网络图称为单代号网络图,如图 5.3 所示。其中,每一节点"⬡工作代号/工作名称/持续时间"表示一项工作;箭线"→"表示工作间的逻辑关系。

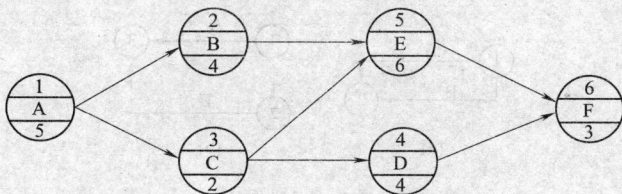

图 5.3　单代号网络图表示方法

2)双代号网络图:以箭线及其两端节点的编号表示一项完整工作的网络图称为双代号网络图,如图 5.1 所示。其中,工作的表示方法为:"i $\xrightarrow[\text{工作持续时间}]{\text{工作名称}}$ j"。

3. 网络图的组成及其特性

任何一个网络图都是由任务、工作(工序)、节点(事项)和线路四个基本要素组成。

1)任务:一个网络就是一项任务,是计划所承担的规定目标及约束条件(时间、资源、成本、质量)的工作总体。如:修建一条铁路、建造一所学校等。

2)工作(工序):

每一个工程任务的完成都按需要的粗细程度划分成若干个即消耗时间也消耗资源的工作来完成。工作可以是分项、分部、单位工程或工程项目,其划分的粗细程度主要取决于计划类型、工程性质和规模。

对于双代号网络图,工作有实工作与虚工作之分。

(1)实工作:用实箭线表示,工作内容是指需要消耗时间和资源的项目或只消耗时间不消耗资源的项目,如图 5.4 所示,箭尾表示工作的开始,箭头表示工作的结束。

图 5.4 实工作表示方法

(2)虚工作:是指即不消耗任何时间也不消耗任何资源,只表示工作间逻辑关系的工作称虚工作,用虚箭线表示。

①表示方法:用虚箭线○$\dashrightarrow$○(向上、向下、向右)或零箭线○$\overset{0}{\dashrightarrow}$○表示。

②虚工作的作用:a. 联系作用;b. 区分作用;c. 断路作用。

a. 联系作用:如图 5.5 所示

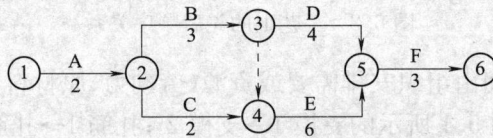

图 5.5 联系作用

在图 5.5 中,E 工作是 B、C 的紧后工作,C 完成后进行 E 工作很容易表达,但 E 又是 B 的紧后工作,为把 B、E 联系起来,需要引入虚工作③→④,此虚工作就起联系作用。

b. 区分作用:

在图 5.6(a)中,A 和 B 二项工作的开始节点和完成节点均为节点①和②,A,B 应为同一工作,但为了区分 A,B 是二项工作,需引入虚工作①→②,如图 5.6(b)所示。

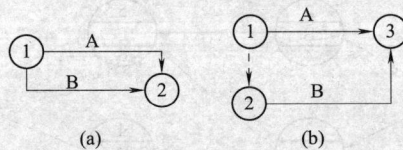

图 5.6 区分作用

c. 断路作用：

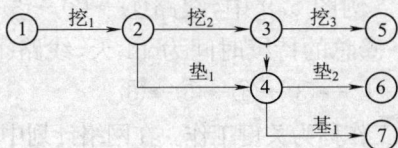

图 5.7 断路作用

在图 5.7 中，逻辑关系错误，基$_1$ 和挖$_2$ 之间没有工艺关系。

为了正确反应工作间的逻辑关系，需引入虚工作④→⑤，如图 5.8 所示。此时虚工作④→⑤起到断路作用。

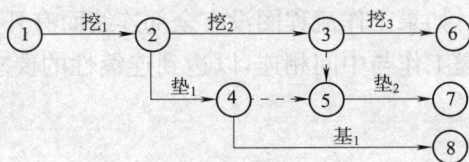

图 5.8 断路作用

（3）单代号网络图：工作有虚拟工作，当网络图中有多项起点节点或多项终点节点时，应在始端或末端设置一个虚拟的起点节点或虚拟的终点节点。

3）节点：也称事件（事项）。在单代号网络图中，节点表示一项工作；在双代号网络图中，节点表示一个事件。对于某一个工作而言，节点有工作的开始节点和工作的完成节点；对于某一个网络图而言，节点有起点节点和终点节点。

（1）节点的特性

①瞬时性：是指节点表述工作开始和完成的一刹那。

②衔接性：是指节点将有关工序衔接起来，起承上启下的作用。

③易检性：主要是针对工序而言，有了节点就可直接描述上一个工序完成和下一个工序开始，即直接、准确、严格地检查一个工序完成程度。

（2）节点的编号原则

网络图中节点必须编号，所编的数码叫代号。节点编号的顺序从小到大，由左至右按箭头所指方向依次编，并使箭尾节点编号小于箭头节点编号；节点编号严禁重复，即一项工作只有唯一的一条箭线和相对应的一对节点编号。

4）线路和关键线路

（1）线路：在网络图中，按箭线方向从起点节点开始，沿箭头方向顺序通过一系列箭线与节点，最后达到终点节点的通路称为线路。

在图 5.9 中，共有①→②→③→④→⑤→⑥、①→②→④→⑤→⑥、①→②→③→⑤→⑥三条线路。

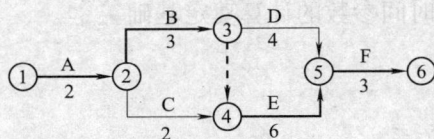

图 5.9 线路

(2)关键线路:线路上总的工作持续时间最长的线路称为关键线路(用粗箭线、双箭线或彩色箭线标注,突出其重要位置)。例图 5.9 中,线路①→②→③→⑤→⑥总的持续时间为 12 天,线路①→②→③→④→⑤→⑥总的持续时间为 14 天,线路①→②→④→⑤→⑥总的持续时间为 13 天,则关键线路为①→②→③→④→⑤→⑥。

(3)关键工作:关键线路上的工作称为关键工作。在网络计划中是指总时差最小的工作,当计划工期等于计算工期时,总时差为零的工作就是关键工作。例如图 5.9 中,A、B、E、F 是关键工作。

(4)线路的特性:

①线路流程要符合逻辑关系,包括工艺上的逻辑关系和组织上的逻辑关系。

②线路流程的连续性。

一项任务如果最初事项只有一个,最终事项也只有一个,则从起点出发沿着工程进展的方向直到终点,中间不会中断。如果工作流程图没有全部连续而有开口之处,则说明这张网络图没有形成流程,此时可利用虚工作与中间相连,以达到连续性的要求,即要求网络图只能有一个起点节点和一个终点节点。

③线路流程的不可逆性。

网络图上的工作随时间的推移只能向前进行,不能逆过来进行。

4. 网络图计划的优、缺点

1)优点

(1)能全面地反映各个工序之间的相互制约和相互依赖的逻辑关系。

(2)由于各工序之间的逻辑关系明确,便于进行各种时间参数计算,有助于进行定量分析,反映计划中的潜力,可以及时调配力量。

(3)能在错综复杂的计划中找出影响整个工程进度的关键工作和关键线路,便于管理人员集中精力抓施工中的主要矛盾,确保按期竣工,避免盲目抢工。

(4)可以利用计算得出的某些施工过程的机动时间,更好地利用和调配人力、物力,达到降低成本的目的。

(5)能利用计算机对复杂的计划进行计算,调整与优化,实现施工计划管理的科学性。

(6)对计划进行优化,以最小消耗取得最大经济效果。

2)缺点

(1)在网络图上很难看出流水作业的情况。

(2)难以根据一般的网络图算出劳动力和资源需要量及其不均衡程度。

典型工作任务 5.2　网络图的绘图规则

5.2.1　工作任务

通过学习,使学生掌握网络图中工作间逻辑关系的表示方法、网络图的绘制规则及绘制的方法,为网络图计划的优化及时间参数的计算奠定基础。

5.2.2　相关配套知识

1. 网络图中工作之间的关系

(1)紧前工作:在本工作之前的工作称为本工作的紧前工作,如图 5.10 所示,工作 A 是工作 B、D 的紧前工作；工作 B、E 是工作 C 的紧前工作。

（2）紧后工作：在本工作之后的工作称为本工作的紧后工作，如图 5.10 所示，工作 B、工作 D 是工作 A 的紧后工作；工作 C 是工作 B、E 的紧后工作。

（3）平行工作：与本工作同时进行的工作称为本工作的平行工作，如图 5.10 所示，工作 B 与工作 D 是平行工作。

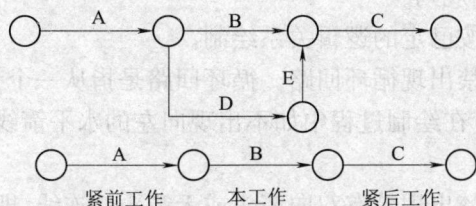

图 5.10　网络图中工作间的关系

（4）前项工作与后项工作，如图 5.11 所示。

图 5.11　前项工作与后项工作

2. 工作之间的逻辑关系表示方法

工作之间的逻辑关系表示方法，如表 5.1 所示。

表 5.1　工作之间的逻辑关系表示方法

序号	工作之间的逻辑关系	双代号逻辑关系图	单代号逻辑关系图
1	对于 B 工作来说：A 是 B 的紧前工作，C 是 B 的紧后工作，即 A 完成后进行 B，B 完成后进行 C		
2	对于 A 工作来说：A 即是 B 的紧前工作也是 C 的紧前工作，即 A 完成后同时进行 B 和 C		
3	C 的紧前工作是 A、B E 的紧前工作是 B、D，即 A、B 均完成后进行 C；B、D 均完成后进行 E		
4	A、B 两项先后进行的工作分为三阶段： A_1 完成后进行 A_2、B_1； A_2 完成后进行 A_3、B_2； B_1 完成后进行 B_2； A_3、B_2 完成后进行 B_3		

3. 网络图中内向箭线和外向箭线

1)内向箭线:指向某个节点的箭线称该节点的内向箭线。

2)外向箭线:从某个节点引出的箭线称该节点的外向箭线。

4. 网络图的绘制规则及绘制的方法

1)双代号网络图的绘图规则

(1)双代号网络图必须按已定的逻辑关系绘制。

(2)双代号网络图中严禁出现循环回路。循环回路是指从一个节点出发,顺着箭线方向又回到原出发点的循环线路。在绘制过程中如不出现向左的水平箭线或箭头偏向左方的斜向箭线就不会有循环回路的出现。

(3)双代号网络图中严禁出现带有双向箭头或无箭头的连线,即○←→○或○——○。

(4)双代号网络图中严禁出现没有箭头节点或没有箭尾节点的箭线,如图 5.12 所示。

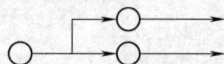

(5)双代号网络图中严禁在箭线上引出箭线,如图 5.13 所示。

图 5.12　没有箭头节点或没有箭尾节点的网络图　　　　图 5.13　严禁在箭线上引出箭线

(6)双代号网络图中的箭线不宜交叉,非交叉时,采用过桥法或指向法。当交叉不可避免且箭线交叉少时,宜采用过桥法,当箭线交叉多时宜采用指向法。当采用指向法时应注意箭尾的节点编号要小于箭头的节点编号,为避免出现错误,一般在网络图编号完毕后再采用指向法调整网络图,如图 5.14 所示。

(7)双代号网络图中当有多条外向箭线或多条内向箭线时,可用母线法绘制。这种方法是将多条箭线经一条共用的竖向母线从起点节点引出,或多条箭线经一条共用的竖向母线引入终点节点。母线法只能应用在起点节点和终点节点上,如图 5.15 所示。

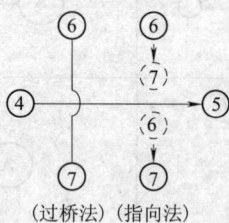

图 5.14　过桥法或指向法　　　　图 5.15　母线法

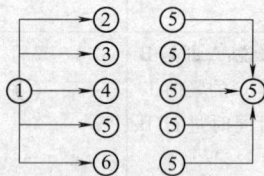

(8)双代号网络图的节点代号严禁重复,箭尾的节点编号一定要小于箭头的节点编号。

(9)双代号网络图中只允许有一个起点节点和一个终点节点。除了分期完成任务的网络图只能有一个终点节点。

2)双代号网络图的绘制方法

(1)节点位置法

节点位置是指在绘制网络图前,先确定各个节点的相对位置,再按各节点的相对位置绘制网络图,目的是使绘制出的网络图不出现闭合回路。

①节点位置确定的原则

a. 无紧前工作的工作的开始节点位置号为零。

b. 有紧前工作的工作开始节点位置号等于其紧前工作的开始节点位置号的最大值加 1。

c. 有紧后工作的工作的完成节点位置号等于其紧后工作的开始节点位置号的最小值。

d. 无紧后工作的工作完成节点位置号等于有紧后工作的工作完成节点位置号的最大值加 1。

②绘图步骤

a. 按已知的各工作的逻辑关系找出各项工作的紧前工作。

b. 确定各项工作的紧后工作。

c. 确定各工作开始节点位置号和完成节点位置号。

d. 根据已确定的各节点位置号和逻辑关系绘制初始网络图。

e. 检查、修改、绘制最终正式的网络图。

【例 5.1】 已知网络图中各项工作的逻辑关系见表 5.2,试绘制双代号网络图。

表 5.2 网络图中各项工作的逻辑关系

工作	A	B	C	D	E	G
紧前工作	—	—	—	B	B	C,D

【解】:(1)确定紧后工作和节点位置号,见表 5.3。

表 5.3 紧后工作和节点位置号

工作	A	B	C	D	E	G
紧前工作	—	—	—	B	B	C,D
紧后工作	—	D,E	G	G	—	—
开始节点位置号	0	0	0	1	1	2
完成节点位置号	3	1	2	2	3	3

(2)绘出网络图,如图 5.16 所示。

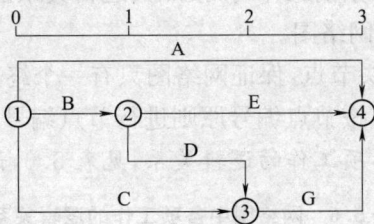

图 5.16 例 5.1 网络图

【例 5.2】 已知网络图中各项工作的逻辑关系见表 5.4,试绘制双代号网络图。

表 5.4 网络图中各项工作的逻辑关系

工作	A	B	C	D	E	H	G
紧前工作	D,C	E,H	—	—	—	—	H,D

【解】:(1)确定紧后工作和节点位置号,见表 5.5。

(2)绘出网络图,如图 5.17(a)和图 5.17(b)所示。

表 5.5 紧后工作和节点位置号

工作	A	B	C	D	E	H	G
紧前工作	D,C	E,H	—	—	—	—	H,D
紧后工作	—	—	A	A,G	B	B,G	—
开始节点位置号	1	1	0	0	0	0	1
完成节点位置号	2	2	1	1	1	1	2

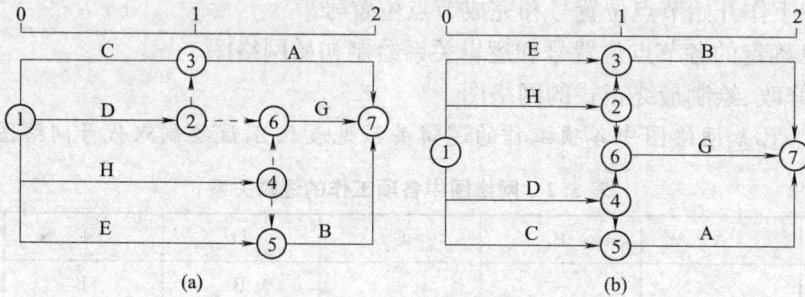

图 5.17 例 5.2 网络图

(2)逻辑关系法

根据已定的各工作之间的逻辑关系,绘制网络图草图,再结合网络图的绘图规则对草图进行调整,形成符合要求的正式网络图。

①绘图步骤:

a. 首先绘制没有紧前工作的工作,这些工作为起始工作,具有相同的起点节点。

b. 其次绘制其他各项工作。这些工作是在其紧前工作都已绘制出来后进行绘制。在绘制这些工作箭线时,应按下列原则进行。

Ⅰ. 当所绘制的工作只有一项紧前工作时,则将该工作的箭线直接画在该紧前工作完成节点的后面。

Ⅱ. 当所绘制的工作有多个紧前工作时,按照其逻辑关系加入若干个虚工作,利用虚工作将紧前工作和本工作相连,绘出网络图。

c. 合并没有紧后工作的箭头节点,保证网络图只有一个终点节点。

d. 确认网络图绘制正确后,按节点编号原则进行节点编号。

【例 5.3】 已知网络图中各项工作的逻辑关系,见表 5.6,试绘制双代号网络图。

表 5.6 网络图中各项工作的逻辑关系

工作	A	B	C	D	E	G	H	I
紧前工作	—	—	A	A	B,C	B,C	E,G,D	D,E

【解】:(1)首先绘制没有紧前工作的工作 A 和 B,他们是起始工作,共有一个起点节点,如图 5.18(a)所示。

(2)C 和 D 工作的紧前工作是 A 工作,则从工作 A 的完成节点画出二条箭线,做为工作 C 和 D。E,G 工作的紧前工作是 B 和 C 工作,则从 B 和 C 工作共用的完成节点引出二条箭线,做为工作 E 和 G,如图 5.18(b)所示。

(3)I 工作的紧前工作是 D 和 E 工作,则从 D 和 E 工作共用的完成节点引出一条箭线,做为工作 I。H 工作的紧前工作是 E、G、D 工作，则从 D 和 E 工作共用的完成节点引出一条虚箭线，此虚工作的完成节点和 G 工作的完成节点为同一节点，从此节点引出箭线为 H 工作，将 I、H 工作合并，即为终点节点。

（4）确认所绘制的网络正确后，按节点的编号原则进行节点编号，如图 5.18(c)所示。

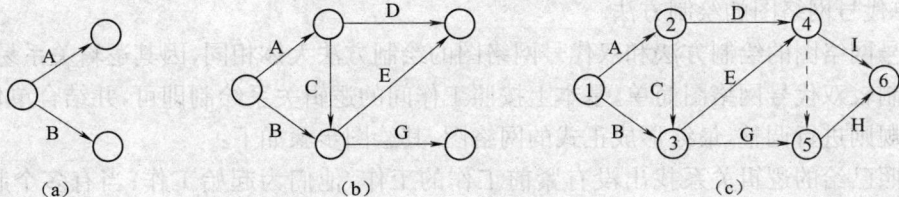

图 5.18　例 5.3 网络图

【例 5.4】　已知网络图中各项工作的逻辑关系，见表 5.7，试绘制双代号网络图。

表 5.7　网络图中各项工作的逻辑关系

工作	A	B	C	D	E	G
紧前工作	—	—	—	B	B	C、D

【解】：(1)绘制没有紧前工作的工作 A、B、C，他们是起始工作，共有一个起点节点，如图 5.19(a)所示。

（2）D 和 E 工作的紧前工作是 B 工作，则从工作 B 的完成节点画出二条箭线，作为工作 D 和 E。G 工作的紧前工作是 C 和 D 工作，且 C 工作是 G 工作唯一的紧前工作，则从 C 工作完成节点引出一条箭线，作为工作 G，G 工作的开始节点也是 D 工作的完成节点，如图 5.19(b)所示。

（3）合并没有紧后工作的箭头节点，保证网络图只有一个终点节点，如图 5.19(c)所示。

（4）确认网络图绘制正确后，按节点编号原则进行节点编号，如图 5.19(c)所示。

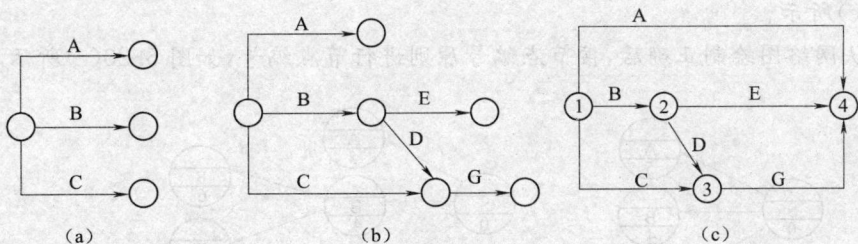

图 5.19　例 5.4 网络图

（3）单代号网络图的绘图规则

单代号网络图的绘图规则基本上与双代号网络图的绘图规则相同，不同是为保证网络图只有一个起点节点和一个终点节点在网络图的首尾设虚拟工作。

①单代号网络图必须正确表达已定的逻辑关系。

②单代号网络图中严禁出现循环回路。

③单代号网络图中严禁出现带有双向箭头或无箭头的连线。

④单代号网络图中严禁出现没有箭头节点或没有箭尾节点的箭线。

⑤单代号网络图绘制时，箭线不宜交叉，当交叉不可避免时采用过桥法或指向法。

⑥单代号网络图中应只有一个起点节点和一个终点节点,当网络图中有多项起点节点或多项终点节点时,应在网络图的始端或末端设置一个虚拟的起点节点或一个虚拟的终点节点。

⑦单代号网络图中不允许出现有重复编号的工作,一个编号只代表一项工作,且箭头的节点编号大于箭尾的节点编号。

(4)单代号网络图的绘制方法

单代号网络图的绘制方法和双代号网络图的绘制方法大体相同,因其逻辑关系易于表达,因而其绘制较双代号网络图简单,基本上按照工作间的逻辑关系绘制即可,并结合单代号网络图的绘图规则进行调整,最终形成正式的网络图,其绘图步骤如下:

①按照已给的逻辑关系找出没有紧前工作的工作,他们为起始工作;当有多个起始工作时,应在网络图的始端设置一个虚拟工作作为起点节点,以保证网络图只有一个起点节点。

②根据紧前工作确定出每项工作的紧后工作。

③先绘制没有紧后工作的工作,他们为终点工作,当网络图中有多项终点节点时,应在网络图的末端设置一个虚拟的终点节点。

④按工作先后的逻辑关系顺次绘制各项工作至终点节点。

⑤确认网络图绘制正确后,按节点编号原则进行节点编号。

【例5.5】　已知网络图中各项工作的逻辑关系见表5.8,试绘制单代号网络图。

表5.8　网络图中各项工作的逻辑关系

工作	A	B	C	D	E	G
紧前工作	—	—	—	B	B	C,D

【解】:(1)绘制没有紧前工作的工作A、B、C,他们是起始工作,为保证网络图只有一个起点节点,在网络图的始端设置一个虚拟工作作为起点节点,如图5.20(a)所示。

(2)按已给工作的逻辑关系顺次绘制各项工作,如图5.20(b)所示。

(3)当网络图中有多项终点节点时,应在网络图的末端设置一个虚拟工作作为终点节点,如图5.20(c)所示。

(4)确认网络图绘制正确后,按节点编号原则进行节点编号,如图5.20(c)所示。

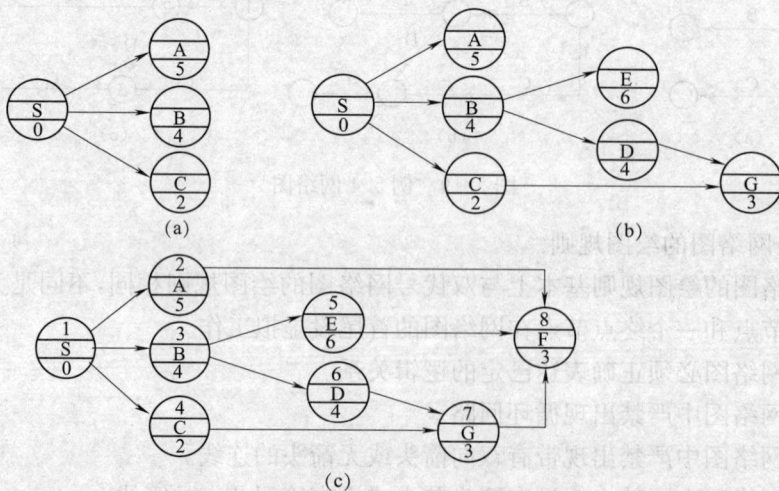

图5.20　例5.5网络图

典型工作任务 5.3 网络计划时间参数的计算

5.3.1 工作任务

通过学习,使学生掌握网络计划中时间参数的作用、时间参数计算及其表述的方法。

5.3.2 相关配套知识

1. 网络计划的概念

网络计划就是用网络图表达的进度计划即在网络图上加注工作时间参数的进度计划。

2. 网络计划的分类

(1)按代号不同分类:①双代号网络计划;②单代号网络计划。

(2)按目标分类:①单目标网络计划;②多目标网络计划。

(3)按网络计划层次分类:①局部网络计划;②单位工程网络计划;③综合网络计划。

④按时间表达方式分类:①时标网络计划;②非时标网络计划。

3. 网络计划时间参数的作用

网络计划时间参数是确定关键线路、机动时间的基础;是优化网络计划和确定工期的的依据。

4. 网络计划时间参数的分类

网络计划时间参数可分为工序时间参数和节点时间参数两大类。

1)工序时间参数

按其作用不同分为:

(1)限制提前工作时间(即后项工作不能提前到前项工作完成之前进行),即最早时间参数。

(2)限制推迟工作时间(即前项工作不能推迟到后项工作开始之后才完成),即最迟时间参数。

①最早时间参数:包括最早开始时间、最早完成时间和自由时差。

a. 最早开始时间(ES):是指在所有紧前工作均完成的前提下,本工作可能开始的最早时刻,取 $ES_{i-j} = \max\{EF_{h-j}\} = \max\{ES_{h-i} + D_{h-i}\}$。

b. 最早完成时间(EF):是指在所有紧前工作均完成的前提下,本工作可能完成的最早时刻,取 $EF_{i-j} = ES_{i-j} + D_{i-j}$。

c. 自由时差(FF):在不影响紧后工作最早开始的前提下,本工作可以利用的机动时间。

用所有紧后工作最早开始时间的最小值减去本工作的最早完成时间,即:

$$FF_{i-j} = \min\{ES_{j-k}\} - EF_{i-j}。$$

②最迟时间参数:包括最迟开始时间、最迟完成时间和总时差。

a. 最迟完成时间(LF):其一:在不影响整个任务按期完成的条件下,本工作必须完成的最迟时刻。其二:在不影响紧后工作最迟开始的前提下,本工作最迟必须完成的时刻。

取 $LF_{i-j} = \min\{LS_{j-k}\} = \min\{LF_{j-k} - D_{j-k}\}$

b. 最迟开始时间(LS):在不影响整个任务按期完成的条件下,本工作必须开始的最迟时刻。

取 $LS_{i-j} = LF_{i-j} - D_{i-j}$

c. 总时差(TF):在不影响总工期的前提下,本工作可以利用的机动时间。TF＝LF－EF

$$TF_{i-j} = LS_{i-j} - ES_{i-j} = LF_{i-j} - EF_{i-j}$$

2)工期

工期是指网络计划的总作业时间,即完成任务所需的时间,包括:

(1)计算工期(T_c):根据网络计划时间参数计算出来的工期,是以终节点为结束节点的各工作最早完成时间的最大值,即 $T_c = \max\{EF_n\} = \max\{ES_n + t_n\}$,其中,n 代表终点结点,$t_n$ 为终点工作持续时间。

(2)要求工期(T_r):任务委托人提出的指令性工期。

(3)计划工期(T_p):根据要求工期和计算工期所确定的作为实施目标的工期。

3)节点时间参数

节点时间是表示各项工作连接点的时间,它是一种瞬间概念。即节点时间就是下一工序的开始和前一工序完成的瞬间。

(1)节点最早时间:表示以该节点为开始节点的各项工作的最早开始时间。

(2)节点最迟时间:表示以该节点为完成节点的各项工作的最迟完成时间。

5. 时间参数的表示方法

1)双代号时间参数的表示方法:

ES	LS	TF
EF	LF	FF

2)单代号时间参数的表示方法:

$$\begin{array}{c} ES_i \quad TF_i \quad EF_i \\ \underset{i\ \text{工作名称}\ D_i}{\bigcirc} \xrightarrow{LAG_{ij}} \\ LS_i \quad FF_i \quad LF_i \end{array}$$

6. 网络计划时间参数的计算

双代号网络计划时间参数的计算分为

1)按工作计算法

按工作计算法,就是以网络计划中的工作为对象,直接计算各项工作的时间参数。

(1)最早时间参数计算

计算程序:从起点节点顺着箭线方向至终点节点计算。

计算步骤:

①令与起点节点相联的工作最早开始时间为零,即 $ES_s = 0$;则最早完成时间 $EF_s = ES_s + D_s$。

②计算其他各工作的最早开始时间:$ES_{i-j} = \max\{EF_{h-j}\} = \max\{ES_{h-i} + D_{h-i}\}$。

③计算其他各工作的最早完成时间:$EF_{i-j} = ES_{i-j} + D_{i-j}$。

④计算工期:$T_c = T_p = \max\{EF_n\} = \max\{ES_n + t_n\}$。

⑤计算自由时差:$FF_{i-j} = \min\{ES_{j-k}\} - EF_{i-j}$。

⑥将计算结果在网络图中表示出来。

(2)最迟时间参数计算

计算程序:从终点节点逆着箭线方向至始点节点计算。

计算步骤:

①令以终点节点为结束节点的工作最迟完成时间。$LF_n = T_c = T_p$ 则最迟开始时间 $LS_n = LF_n - D_n$。

②计算其他各工作的最迟完成时间:$LF_{i-j} = \min\{LS_{j-k}\} = \min\{LF_{j-k} - D_{j-k}\}$。

③计算其他各工作的最迟开始时间:$LS_{i-j} = LF_{i-j} - D_{i-j}$。

④计算总时差:$TF_{i-j} = LS_{i-j} - ES_{i-j} = LF_{i-j} - EF_{i-j}$。

⑤确定关键线路:总时差为零的工作为关键工作,自始至终由关键工作组成的线路为关键线路。

⑥将计算结果在网络图中表示出来。

2)标号法确定工作的时间参数

标号法是直接寻求关键线路的方法之一,利用标号法计算工作的时间参数具有快速、准确、实用的特点,因此要求同学们一定要掌握此种方法。

(1)标号法

是对每个节点,用源节点和标号值进行标号,将节点都标号后,从网络计划终点节点开始,从右向左按源节点寻求出关键线路的方法。网络计划终点节点标号值,即为网络计算工期。标号值的确定方法如下:

①设网络计划始点节点 1 的标号值为零,即 $b_1 = 0$,则完成节点的标号值 $b_j = b_1 + D_{1-j}$。

②其他节点的标号值等于以该节点为完成节点的工作的开始节点标号值加该工作的持续时间的最大值,即 $b_j = \max\{b_i + D_{i-j}\}$。

【例 5.6】　利用标号法确定如图 5.21 所示网络图的标号值,并确定网络计划工期及关键线路。

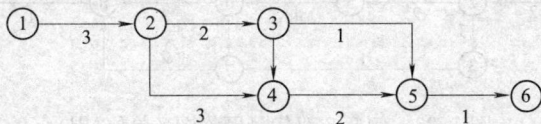

图 5.21　例 5.6 网络图(单位:d)

【解】:(1)设网络计划始点节点 1 的标号值为零,即 $b_1 = 0$,
则 完成节点 2 的标号值 $b_2 = b_1 + D_{1-2} = 0 + 3 = 3$

(2)其他节点的标号值 $b_j = \max\{b_i + D_{i-j}\}$,即

$b_3 = b_2 + D_{2-3} = 3 + 2 = 5$

$b_4 = \max\{b_i + D_{i-j}\} = \max[(b_2 + D_{2-3}), (b_2 + D_{2-4})] = \{5, 6\} = 6$

$b_5 = \max\{b_i + D_{i-j}\} = \max[(b_3 + D_{3-5}), (b_4 + D_{4-5})] = \{6, 8\} = 8$

$b_6 = \max\{b_i + D_{i-j}\} = b_5 + D_{5-6} = 8 + 1 = 9$

(3)如图 5.22 所示,通过标号值法得出的关键线路为:①→②→④→⑤→⑥,计算工期为 9 d。

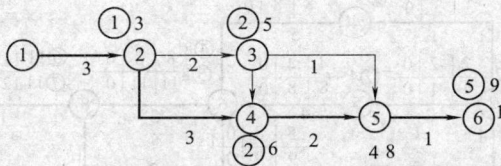

图 5.22　标号值法得出的关键线路网络图(单位:d)

(2)标号法确定工作的时间参数

步骤:

①利用标号法确定关键线路,从而确定关键工作和非关键工作。

②关键工作时间参数的计算:

a. 关键工作的总时差和自由时差为零,即 $TF=FF=0$

b. 关键工作两端节点上的标注代表本工作的开始参数和完成参数,即 $ES=LS$,$EF=LF$

③非关键工作时间参数的计算:先计算最早时间参数,后计算最迟时间参数。

a. 节点上的标注只代表紧后工作的最早开始时间 ES,则最早完成时间 $EF=ES+D_{i-j}$。

b. 本工作完成节点上的标注减去本工作的最早完成时间 EF,就是本工作的自由时差 FF。

c. 然后先找以关键节点为完成节点的非关键工作,其工作总时差等于其自由时差,即:
$TF=FF$

则:

$$LS=ES+TF,\ LF=EF+TF$$

④其他非关键工作的总时差: $TF_{i-j}=FF_{i-j}+\min\{TF_{j-k}\}$,则

$$LS=ES+TF,\ LF=EF+TF$$

【例 5.7】 利用标号法确定如图 5.23 所示网络图的关键线路、求总工期以及各工作的时间参数。

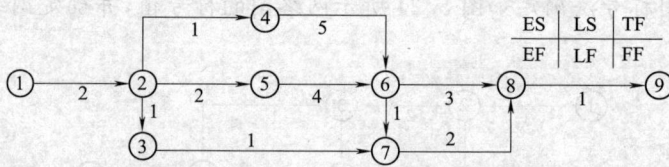

图 5.23　例 5.7 双代号网络图(单位:周)

【解】:(1)确定关键线路,求总工期,如图 5.24 所示。

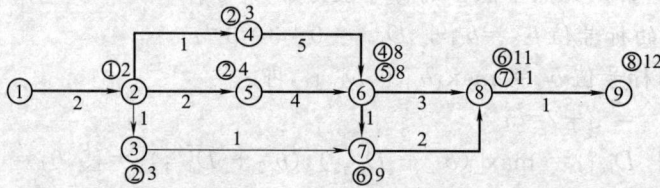

图 5.24　确定关键线路及总工期网络图(单位:d)

(2)计算关键工作的时间参数,如图 5.25 所示。

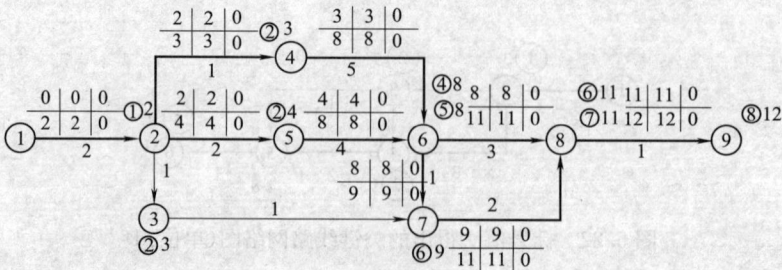

图 5.25　关键工作的时间参数

关键工作的时间参数能够直接判断出来。关键工作开始节点上的标注即为本工作的最早

开始时间和最迟开始时间;关键工作完成节点上的标注即为本工作的最早完成时间和最迟完成时间;关键工作的总时差和自由时差均为零。例关键工作⑤→⑥,ES=LS=4,EF=LF=8,TF=FF=0。

（3）计算以关键节点为完成节点的非关键工作的时间参数,如图 5.26 所示。

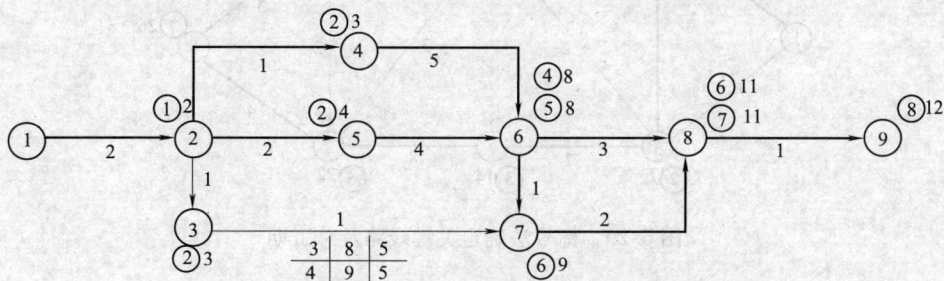

图 5.26　以关键节点为完成节点的非关键工作时间参数

节点上的标注只代表紧后工作的最早开始 ES,例:以关键节点⑦为完成节点的工作③→⑦其最早开始时间 ES=3;最早完成时间 EF=ES+D_{i-j}=3+1=4;自由时差 FF=9−4=5。以关键节点为完成节点的非关键工作,其工作总时差等于自由时差,则 TF=FF=5;最迟开始时间 LS=ES+TF=3+5=8;最迟完成时间 LF=EF+TF=4+5=9。

（4）计算其他非关键工作的时间参数,如图 5.27 所示。

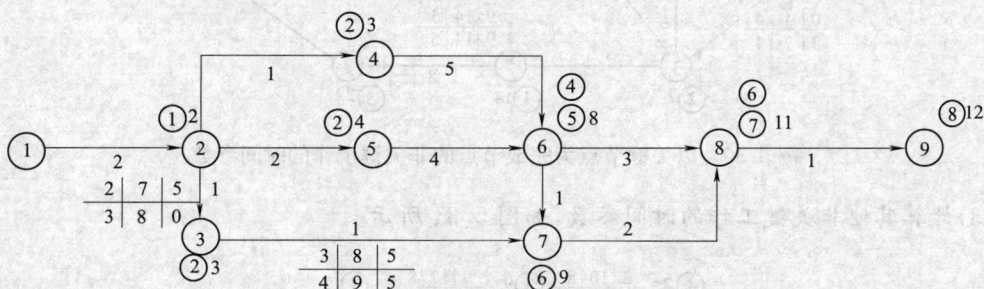

图 5.27　其他非关键工作的时间参数

②→③工作是以非关键节点为完成节点的非关键工作,其最早开始时间 ES=2;最早完成时间 EF=ES+D_{i-j}=2+1=3;自由时差 FF=3−3=0。总时差 TF_{i-j}=FF_{i-j}+min{TF_{j-k}}=0+5=5;LS=ES+TF=2+5=7,LF=EF+TF=3+5=8。

【例 5.8】　利用标号法确定如图 5.28 所示网络图的关键线路、求总工期以及各工作的时间参数。

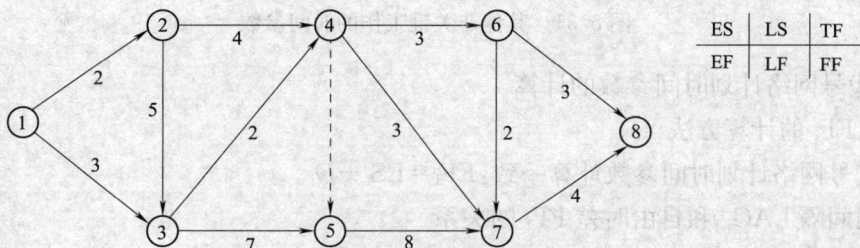

图 5.28　例 5.8 双代号网络图(单位:d)

【解】:(1)利用标号法确定关键线路,求总工期,如图 5.29 所示。

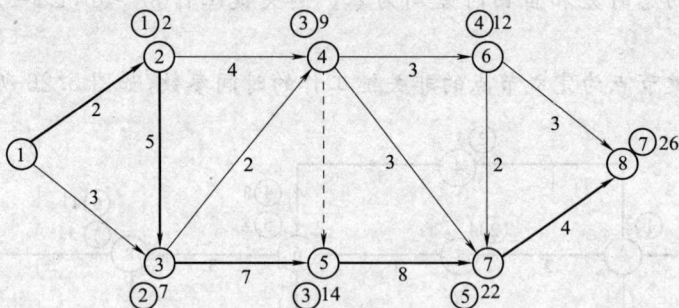

图 5.29　标号法确定关键线路及总工期

(2)关键工作的时间参数不再计算,从图上直接判断。计算以关键节点为完成节点的非关键工作的时间参数如图 5.30 所示。

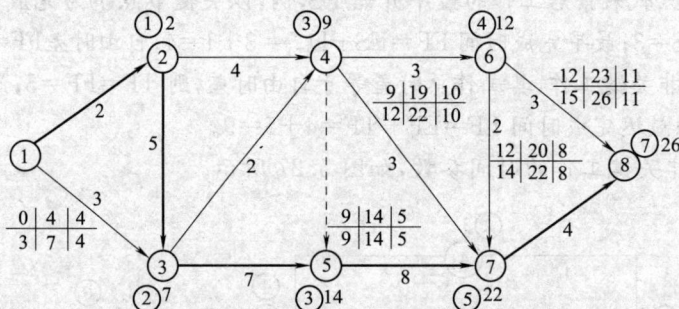

图 5.30　以关键节点为完成节点的非关键工作的时间参数

(3)计算其他非关键工作的时间参数,如图 5.31 所示。

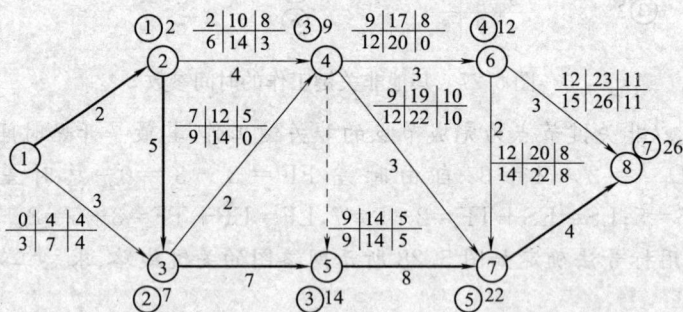

图 5.31　其他非关键工作的时间参数

7. 单代号网络计划时间参数的计算

1)ES_i、EF_i 的计算方法

和双代号网络计划时间参数计算一致:$EF_i = ES_i + D_i$。

2)时间间隔 $LAG_{i,j}$ 和自由时差 FF_i 的关系

(1)时间间隔 $LAG_{i,j}$

是指本工作最早完成,紧后工作尚未最早开始的空闲时间,即 $LAG_{i,j} = ES_j - EF_i$。

(2)LAG $_{i,j}$ 和 FF$_i$ 的区别

①LAG $_{i,j}$ 是工作与工作之间的时间参数，而 FF$_i$ 是工作本身的时间参数。

②有几项紧后工作就有几个时间间隔 LAG $_{i,j}$，而工作本身的自由时差 FF$_i$ 只有一个。

3)自由时差

$$FF_i = \min\{LAG_{i,j}\}$$

(1)当网络计划的计划工期不等于计算工期时，网络计划终点节点 n 所代表的工作的自由时差等于计划工期与计算工期之差，即 $FF_n = T_P - T_C$；

(2)当网络计划的计划工期等于计算工期时，终点节点所代表的工作 n 的自由时差就等于零，即 $FF_n = 0$；

(3)其他各项工作的自由时差为 $FF_i = \min\{LAG_{i,j}\}$。

4)总时差

(1)当网络计划的计划工期不等于计算工期时，网络计划终点节点 n 所代表的工作的总时差等于计划工期与计算工期之差，即 $TF_n = T_P - T_C$；

(2)当网络计划的计划工期等于计算工期时，终点节点所代表的工作 n 的总时差就等于零，即 $TF_n = 0$；

(3)其他各项工作的总时差 $TF_i = \min\{TF_j + LAG_{i,j}\}$。

5)最迟开始和完成时间

$$LS_i = ES_i + TF_i; LF_i = EF_i + TF_i$$

6)关键线路的判断

从网络计划的终点节点开始，逆着箭线方向依次找出相邻两项工作之间时间间隔均为零的线路即为关键线路。

【例5.9】　某单代号网络计划，如图 5.32 所示，试确定总工期、关键线路以及各工作的时间参数。

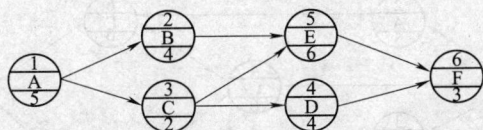

图 5.32　单代号网络图（单位：天）

【解】：(1)首先计算 ES$_i$、EF$_i$、LAG$_{i,j}$，从而计算总工期和判断关键线路，如图 5.33 所示。

由于 $ES_{i-j} = \max\{EF_{h-j}\}$，以 E 工作为例，紧前工作有二项，取紧前工作最早完成时间的最大值，所以 E 工作最早开始时间为 9；根据 $EF_i = ES_i + D_i$、$LAG_{i,j} = ES_j - EF_i$，从而求出工作的最早完成时间和前后二项工作之间的时间间隔。本网络计划的工期为 18 d。

关键线路从后往前推，逆着箭线方向由工作之间时间间隔均为零所构成的线路如图 5.34 所示。

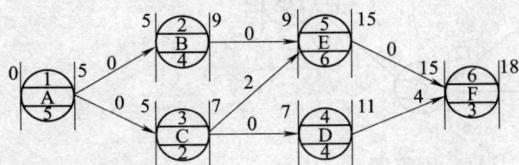

图 5.33　计算 ES$_i$、EF$_i$、LAG$_i$ 网络图　　　　　图 5.34　确定关键线路网络图

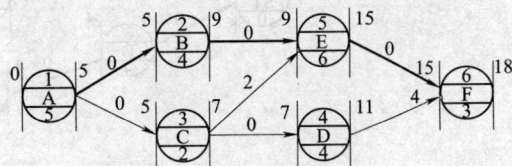

(2)计算 FF_i ,如图 5.35 所示。

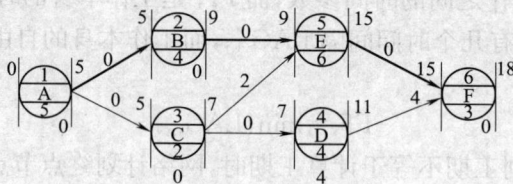

图 5.35 计算 FF_i 网络图

自由时差 $FF_i = \min\{LAG_{i,j}\}$

(3)计算 TF_i :由于终点节点所代表的工作 n 的总时差等于零。即 $TF_n = 0$,所以 F 工作的总时差为 0 。从后往前计算,各项工作的总时差 $TF_i = \min\{TF_j + LAG_{i,j}\}$,如图 5.36 所示。

(4)计算 LS_i 、 LF_i :最迟开始时间 $LS_i = ES_i + TF_i$;最迟完成时间 $LF_i = EF_i + TF_i$ 。如图 5.37 所示。

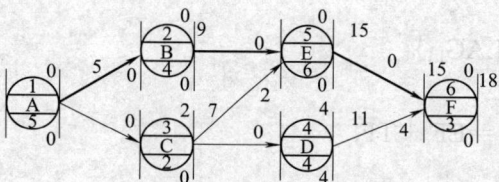

图 5.36 计算 TF_i 网络图

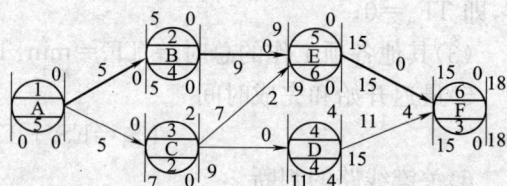

图 5.37 计算 LS_i 、 LF_i 网络图

【例 5.8】 某单代号网络计划,如图 5.38 所示,试确定总工期、关键线路以及各工作的时间参数。

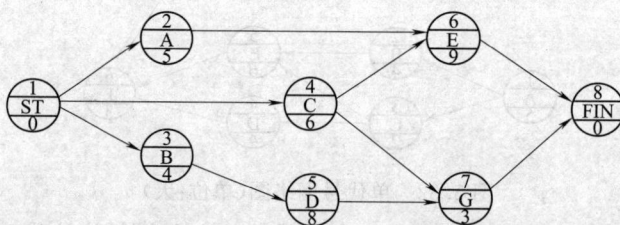

图 5.38 单代号网络图(单位:天)

【解】:(1)计算 ES_i 、 EF_i 、 $LAG_{i,j}$ 。总工期为 15 天,关键线路有二条,如图 5.39 所示。

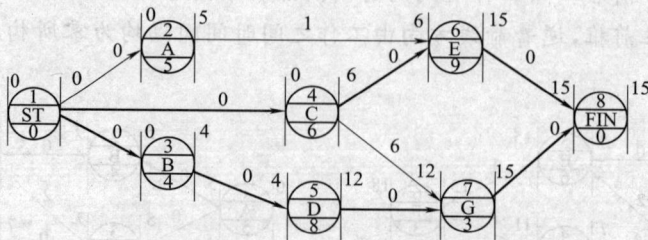

图 5.39 计算 ES_i 、 EF_i 、 $LAG_{i,j}$ 网络图

(2)计算 FF_i :自由时差 $FF_i = \min\{LAG_{i,j}\}$,如图 5.40 所示。

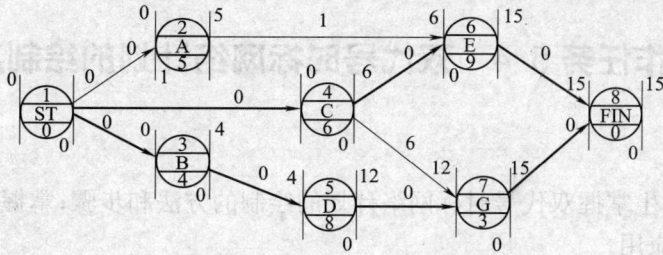

图 5.40　计算自由时差 FF_i 网络图

(3)计算 TF_i：$TF_n = 0$，$TF_i = \min\{TF_j + LAG_{i,j}\}$，如图 5.41 所示。

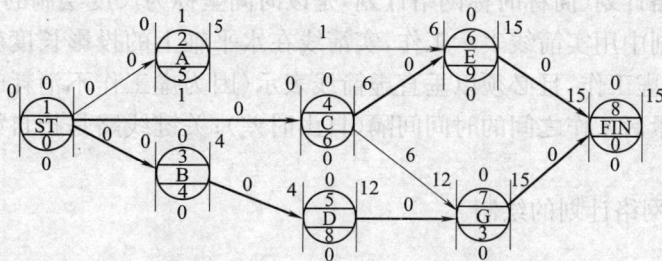

图 5.41　计算总时差 TF_i 网络图

(4)计算 LS_i、LF_i：最迟开始时间 $LS_i = ES_i + TF_i$；最迟完成时间 $LF_i = EF_i + TF_i$，如图 5.42 所示。

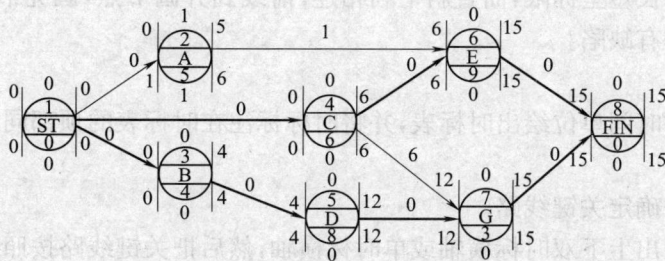

图 5.42　计算 LS_i、LF_i 网络图

8. 网络计划时差的性质与相互关系

1)总时差为零的工作为关键工作，自始至终总时差为零的线路为关键线路。

2)关键工作的总时差等于自由时差都等于零，即 $TF = FF = 0$。

3)总时差大于等于自由时差即 $TF \geqslant FF$，否则必定有错。

4)非关键线路上都有总时差。

5)自由时差为零的工序，不一定是关键工序，它只表明本工作的最早完成时间就是紧后工作的最早开始时间，即 $EF_{i-j} = ES_{j-k}$。自由时差不为零，则表明本工作结束后，有一段空余时间，紧后工作才开始。

6)运用总时差，会对紧后工作产生影响。在优化调整网络计划时，应充分利用自由时差，将有自由时差工作上的劳动力、物资，增援给关键工作，以缩短工期。

典型工作任务 5.4　双代号时标网络计划的绘制及应用

5.4.1　工作任务

通过学习,使学生掌握双代号时标网络计划的绘制的方法和步骤;掌握双代号时标网络计划在实际工程中的应用。

5.4.2　相关配套知识

1. 双代号时标网络计划的概念

双代号时标网络计划(简称时标网络计划)是以时间坐标为尺度绘制的网络计划。

在时标网络计划中用实箭线表示工作,实箭线在水平轴上的投影长度就是该工作的持续时间;用虚箭线表示虚工作,且必须以垂直虚箭线表示(因为虚工作不消耗时间和资源);用波形线表示工作与其紧后工作之间的时间间隔(自由时差);关键线路是指自始至终无波形线的线路。

2. 双代号时标网络计划的绘制

1)绘制的方法

时标网络计划宜按工作的最早开始时间,采用间接和直接联合的方法绘制,即先确定和绘制关键线路,再结合绘图口诀绘制非关键工作的方法。在绘制前,先按已确定的时间单位绘出时标表,把时标标注在时标表的顶部并注明时标的长度单位(有时在底部也加注日历的对应时间)。

绘图口诀:时间长短坐标限,曲直斜平利相连;箭线到齐画节点,画完节点补波线;零线尽量拉垂直,否则安排有缺陷。

2)绘制步骤

(1)按已确定的时间单位绘出时标表,并将时标标注在时标表的顶部同时注明时标的长度单位。

(2)利用标号法确定关键线路。

(3)根据需要画出上下双时标横轴或单时标横轴,然后把关键线路按照持续时间的长短对应时标原封不动的照原形状画出。

(4)按照绘图口诀补上非关键工作。

3)双代号时标网络计划时间参数的判读

(1)关键工作的时间参数同双代号网络计划关键工作的时间参数判读相同,其总时差和自由时差均为零,工作开始节点和完成节点对应的时点即为该工作的开始参数和完成参数。

(2)非关键工作的波形线水平投影长度为自由时差,箭线实线部分的左端和右端所对应的时标值,即为该工作的最早开始时间和最早完成时间。

(3)所有紧后工作总时差的最小值加上本工作的自由时差,即为本工作的总时差,即

$$TF_{i-j} = FF_{i-j} + \min\{TF_{j-k}\}$$

则　　　　　　　　　$$LS = ES + TF, LF = EF + TF$$

【例 5.9】　根据双代号网络进度计划,如图 5.43 所示,绘制双代号时标网络进度计划。

【解】:(1)利用标号法确定关键线路,如图 5.44 所示。

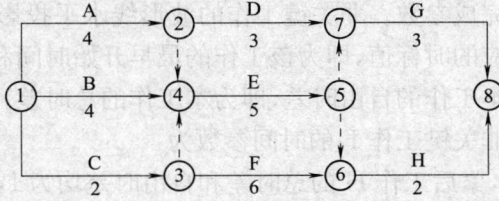

图 5.43 例 5.9 双代号网络图(单位:周)

(2)绘制时标横轴,按原关键线路的形状对应时标绘出关键线路,如图 5.45 所示。

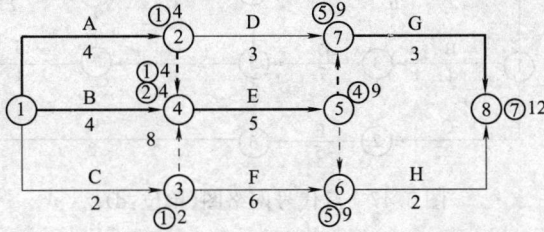

图 5.44 标号法确定关键线路网络图

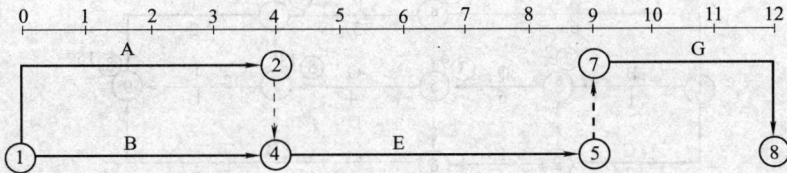

图 5.45 关键线路在时标网络图中表示

(3)按照绘图口诀补上非关键工作,完成时标网络图绘制,如图 5.46 所示。

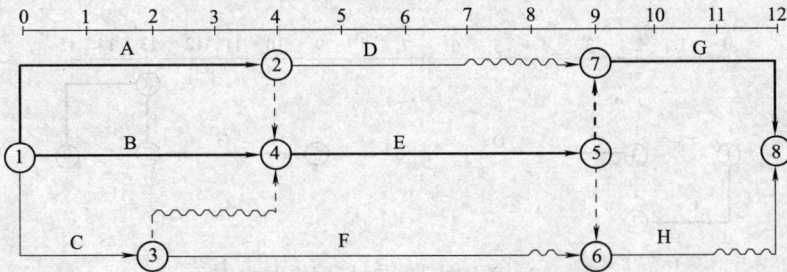

图 5.46 时标网络图

工作 C 是开始工作,持续时间为 2,则完成节点③对应时点 2。虚工作不消耗资源也不占用时间,则水平长度用波形线补齐。工作 F 持续时间为 6,完成节点⑥若对应时点 8,虚工作⑤→⑥的虚箭线将指向左,所以节点⑥应在节点⑤的正下方,则时点 8 至时点 9 用波形线补齐,工作 F 有一周的自由时差。工作 D 持续时间为 3,关键节点⑦不能动,则时点 7 至时点 9 用波形线补齐,工作 D 有二周的自由时差。同理工作 H 有一周的自由时差。

根据双代号时标网络计划时间参数的判读,从而确定出各项工作的时间参数。关键工作的时间参数同双代号网络计划,其总时差和自由时差均为零;开始节点和完成节点对应的时点即为该工作的开始参数和完成参数。非关键工作的波形线水平投影长度为自由时差;箭线实线部分的左端和右端所对应的时标值,即为该工作的最早开始时间和最早完成时间;所有紧后工作总时差的最小值加上本工作的自由时差,即为本工作的总时差,从而最迟开始时间和最迟完成时间也就知道了。例非关键工作 F 的时间参数为:

ES=2,EF=8,FF=1,紧后工作 H 的总时差和自由时差均为1,则工作 F 的总时差为1+1=2,其 LS=ES + TF=2+2=4,LF=EF + TF=8+2=10。

【例5.10】 根据图5.47所示,双代号网络进度计划,绘制双代号时标网络进度计划。

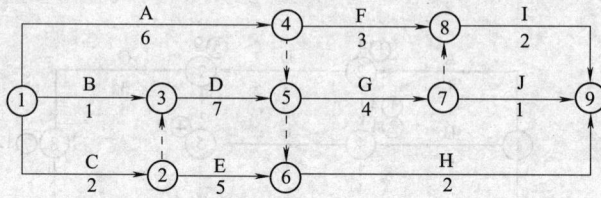

图 5.47　双代号网络图(单位:d)

【解】:(1)利用标号法确定关键线路 ,如图 5.48 所示。

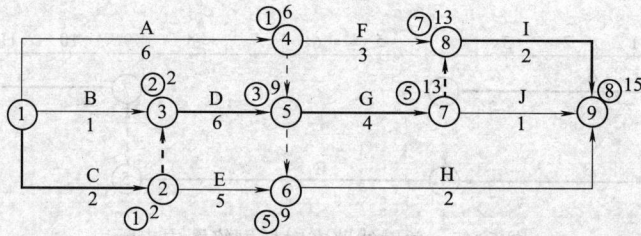

图 5.48　标号法确定关键线路网络图

(2)绘制时标横轴,按原关键线路的形状对应时标绘出关键线路,如图 5.49 所示。

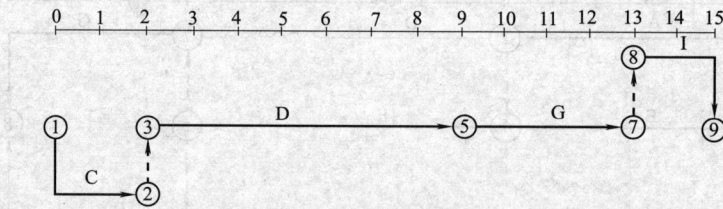

图 5.49　关键线路在时标网络图中表示

(3)按照绘图口诀补上非关键工作,完成时标网络计划图的绘制,如图 5.50 所示。

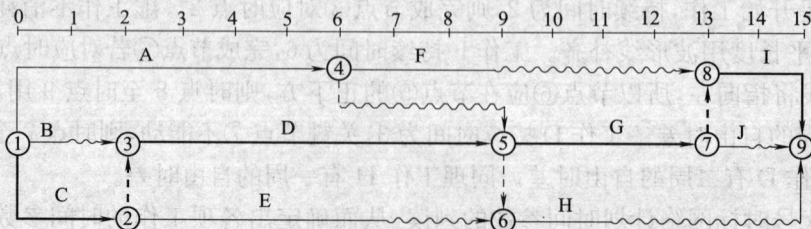

图 5.50　时标网络图

工作 B 是开始工作,持续时间为 1,完成节点对应时点是 1,而完成节点③为关键节点不能动,则时点 1 至时点 2 间用波形线补齐,工作 B 有一周的自由时差。工作 A 是开始工作,持续时间为 6,完成节点④对应时点 6。虚工作④→⑤不消耗资源也不占用时间,则水平长度用波形线补齐,箭头指向右,符合绘图规则,有三天的自由时差。工作 E 持续时间为 5,若完成节点⑥对应时点 7,则虚工作⑤→⑥的箭头将指向左,所以节点⑥应在节点⑤的正下方,工作 E 有二周的自由时差。工作 F 持续时间为 3,完成节点对应时点 9,而完成节点⑧为关键节点不能动,则时点 9 至时点 13 间用波形线补齐,工作 F 有四周的自由时差。同理工作 H 有四周的自由时差,工作 J 有一天的自由时差。

3. 双代号时标网络计划在实际工程中的应用

编制一个可行的网络计划并不难,但要将网络计划付诸实施,使其对工程进度起到控制作用却很不容易,因此需要在网络计划执行过程中对其进行检查与调整。

1)网络计划检查的主要内容及目的

网络计划实施情况的检查主要内容有:关键工作的进度、非关键工作的进度及其时差利用情况和工作之间的逻辑关系等。

对关键工作进度检查的目的:在于保证工期目标的实现,不使工期拖延。

对非关键工作的进度及其时差的利用情况检查的目的:一是与后续工作的进度有关,二是可以调动非关键工作的资源以支援关键工作。

对逻辑关系的检查的目的:一是为了保证质量(保证已定的工作间的逻辑关系,做到不颠倒工作),二是为了搞好各单位之间的协作。

2)网络计划执行情况的分析

一般采用时标网络计划,应用实际进度前锋线进行分析,以达到对未来进度有预测,对进度协调有办法,拖后的进度能赶上,超前完成的有效果,并能分析出经验和教训。

【例 5.11】　某公司中标的网络进度计划,如图 5.51 所示。计划工期 12 周,工程进行到第九周末时,检查 D 工作完成了 2 周,E 工作完成了 4 周,F 工作完成了 5 周。

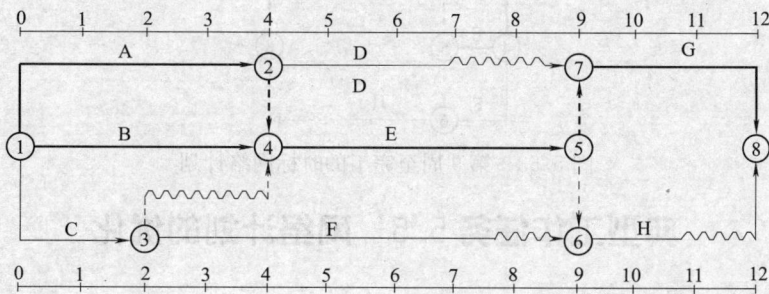

图 5.51　网络进度计划

问题:(1)绘制实际进度前锋线。(2)如果后续工作按计划进行,试分析上述三项工作对计划工期产生了什么影响? (3)重新绘制第 9 周至完工的时标网络计划。

【解】:(1)绘制实际进度前锋线时,必须绘制双代号时标网络进度计划。双代号时标网络进度计划绘制方法见上题,实际进度前锋线绘制,如图 5.52 所示。

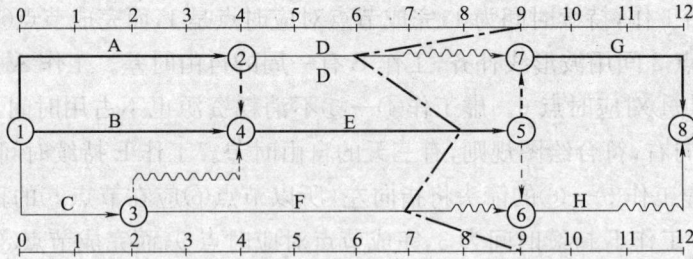

图 5.52　实际进度前锋线绘制图

(2)关键工作有 A、B、E、G 工作。在第九周末检查时,D、E、F 工作均未完成计划。如果后续工作按计划进行,关键工作 E 延误一周,这一周在关键线路上,对工期产生影响,将使项目工期延长一周;F 工作为非关键工作,延误二周,但 F 工作有二周的总时差,故对工期不造成影响。D 工作为非关键工作,延误三周,D 工作只有二周的总时差,故 D 工作虽然不是关键工作,但拖期超过其总时差,对工期产生影响,也将使项目工期延长一周。如果从第十周开始不采取赶工措施,后续工作按计划进行,工期将变为 13 周。

(3)绘制检查结果分析表,如表 5.9 所示。

(4)第 9 周至完工的时标网络计划,如图 5.53 所示。D 工作由于拖期,由非关键工作变成了关键工作。F 工作由于工期变为 13 周,故有一周总时差。

表 5.9　网络计划检查结果分析表

工作代号	工作名称	检查时尚需作业时间	到计划最迟完成时尚有时间	原有总时差	尚有总时差	情况判断
2~7	D	1	9−6=3	2	2−3=−1	延期一周
4~5	E	1	9−8=1	0	0−1=−1	延期一周
3~6	F	1	9−7=2	2	2−2=0	正常

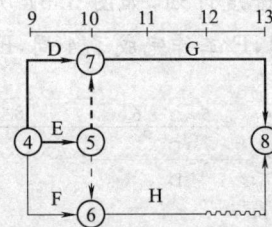

图 5.53　第 9 周至完工的时标网络计划

典型工作任务 5.5　网络计划的优化

5.5.1　工作任务

通过学习,使学生掌握网络计划优化的目的及工期优化和费用优化的方法和步骤,明确网络计划优化在实际工作中的作用。

5.5.2　相关配套知识

1. 网络计划优化的概念及种类

网络计划的优化,就是在满足既定约束条件下,按某一目标,通过不断改进网络计划,以寻求满意的方案。

网络计划优化的目标有：工期目标、费用目标和资源目标。

2. 工期优化

1）工期优化：就是压缩计算工期，以达到要求工期的目标；或在一定的约束条件下，使工期最短的过程。

2）工期优化的方法：就是通过压缩关键工作的持续时间来满足工期要求。

注意：（1）在压缩过程中不能将关键工作压缩成非关键工作；

（2）当网络计划中出现多条关键线路时，必须将各条关键线路的持续时间同时压缩同一数字，否则，不能有效地将工期缩短。

3）压缩关键工作的选择：

（1）缩短持续时间对质量和安全影响不大的工作。

（2）有充足备用资源的工作。

（3）缩短持续时间所需增加费用最小的工作。

（4）选择优选系数最小的关键工作或优选系数之和最小的关键工作进行压缩。

4）缩短关键工作持续时间的措施

在实际工作中，缩短持续时间的措施主要有：

（1）增加资源数量：包括非关键工作上资源的调用和从网络计划外调用资源。

（2）增加工作班次。

（3）改变施工方法。

（4）组织流水作业。

（5）采取技术措施和其他组织措施等。

5）工期优化的计算步骤：

（1）按照标号法确定计算工期 T_c，找出关键工作。

（2）按要求工期计算应缩短的时间 ΔT，$\Delta T = T_c - T_r$。

（3）确定各关键工作能缩短的持续时间。

（4）按优选系数最小或之和最小选择要压缩的关键工作，压缩其持续时间，重新计算网络计划的 T_c。注意：不能将关键工作变为非关键工作。

（5）若 T_c 仍大于 T_r，继续重复上述步骤。

（6）当所有的关键工作的持续时间压缩到极限时，而计算工期还不能满足要求时，应对原计划的技术方案、组织方案进行调整或对要求工期重新进行审定。

【例 5.12】　已知某网络计划，如图 5.54 所示。图中箭线上方括号内数字为优选系数，箭线下方括号外数字为工作的正常持续时间，括号内数字为最短持续时间，现假设要求工期为 30 天，试进行工期优化。

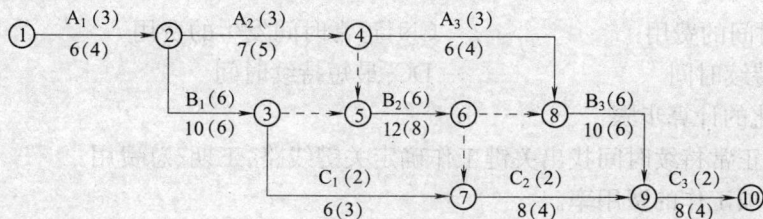

图 5.54　例 5.12 网络图

【解】:(1)计算工期,确定关键线路,如图 5.55 所示,T_c=46 天。

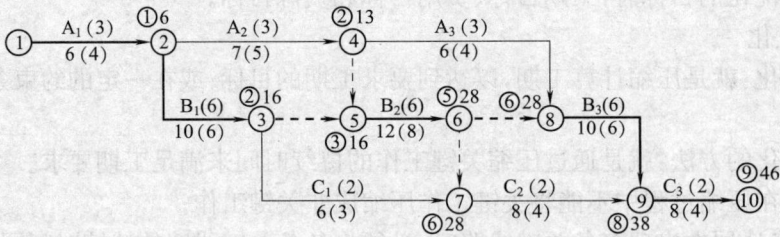

图 5.55　确定工期、关键线路网络图

(2)计算 $\Delta T_c = T_c - T_r = 46 - 30 = 16$ d。

(3)压缩关键工作:

①压缩优选系数最小的关键工作 C_3,压缩 4 d,T_c=42 d

②压缩 A_1 工作 2 d,T_c=40 d

③压缩 B_1 工作 3 d,T_c=37 d, A_2 变为关键工作。

④压缩 B_2 工作 4 d,T_c=33 d

⑤压缩 B_3 工作 2 d,T_c=31 d,C_2 变为关键工作。

⑥同时压缩 B_3、C2 工作各 1 d,T_c=30 d,满足要求工期,如图 5.56 所示。

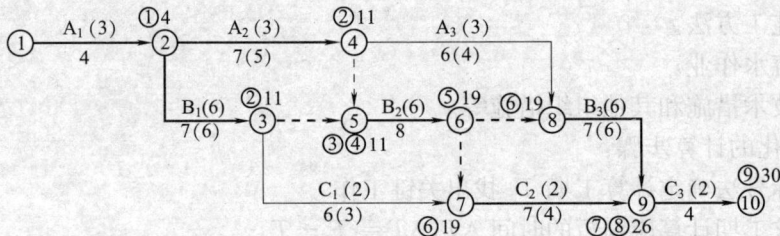

图 5.56　满足工期要求网络图

3. 费用优化

1)费用优化又叫工期-成本优化,是寻求最低成本时的最短工期安排。

2)费用优化的目的:就是求出与最低工程总成本相适应的工程总工期或求出在规定工期条件下工程最低成本。

3)工期与费用关系:一般来说,缩短工期会引起直接费的增加,间接费的减少,延长工期会引起直接费的减少和间接费的增加。

4)直接费用率:$\Delta C = (CC - CN)/(DN - DC)$,即假定工作持续时间与费用的关系为连续直线型。

CC:最短时间的费用　　　　　　　CN:正常时间发生的费用

DN:正常持续时间　　　　　　　　DC:最短持续时间

5)费用优化的计算步骤:

(1)按工作正常持续时间找出关键工作确定关键线路、工期、总费用。

(2)计算各项工作的费用率。

(3)在网络计划中选择直接费用率 ΔC(或组合的直接费用率 $\sum \Delta C$)最小的关键工作,作为缩短持续时间的压缩对象。

(4)比较压缩对象的直接费用率和间接费用率的大小。

(5)当 $\Delta C \leqslant$ 间接费用率时,压缩关键工作的持续时间,反之不能压缩,则之前的压缩方案为最优方案。

(6)优化原则:①缩短后工作的持续时间不能少于最短的持续时间。②缩短持续时间的关键工作不能变为非关键工作。

(7)不断的计算相应的总费用。

(8)重复上述第 3 步~第 7 步,直到计算工期 T_c 满足要求工期 T_r 为止,或被压缩对象的直接费用率或组合费用率大于工程间接费用率为止。

【例 5.13】　已知某工程计划网络图,如图 5.57 所示,箭线上方为工作的正常时间的直接费用和最短时间的直接费用(以万元为单位),箭线下方为工作的正常持续时间和最短持续时间(天),其中②~⑤工作的时间与直接费为非连续变化型关系,整个工程计划的间接费率为0.35 万元/d,最短工期时的间接费为 8.5 万元,试对此计划进行费用优化,求费用最少的相应工期?

【解】:(1)计算工期,确定关键线路, $T_c=37$ d,如图 5.58 所示。

正常持续时间的直接费 $=7.0+5.5+11.8+9.2+6.5+8.4=48.4$ (万元)

正常持续时间的间接费用 $=0.35\times37=12.95$ (万元)

正常持续时间的总费用 $=48.4+12.95=61.35$ (万元)

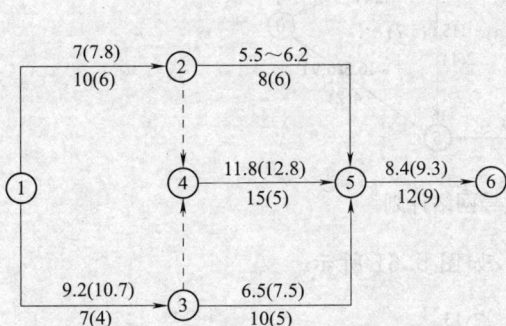

图 5.57　工程计划网络图　　　　　　　图 5.58　计算工期及关键线路

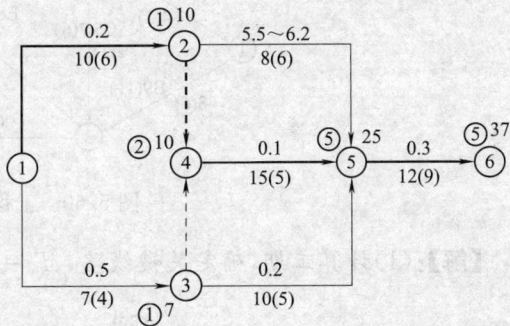

(2) ΔC 的计算:

①~②: $\Delta C=(7.8-7.0)/(10-6)=0.2$ (万元/d)

①~③: $\Delta C=(10.7-9.2)/(7-4)=0.5$ (万元/d)

④~⑤: $\Delta C=(12.8-11.8)/(15-5)=0.1$ (万元/d)

③~⑤: $\Delta C=(7.5-6.5)/(10-5)=0.2$ (万元/d)

⑤~⑥: $\Delta C=(9.3-8.4)/(12-9)=0.3$ (万元/d)

(3)选择压缩工作,确定费用最少时相应工期:

a. 压缩④~⑤工作 7 d, $\Delta C=0.1$ 万元/d<0.35 万元/d,工作②~⑤变成关键工作, $T_c=30$ d,总费用 $=61.35+7\times0.1-0.35\times7=59.6$ (万元)

b. 压缩①~②工作 1 d, $\Delta C=0.2$ 万元/d<0.35 万元/d,工作①~③、③~⑤变成关键工作, $T_c=29$ d,总费用 $=59.6+0.2-0.35=59.45$ (万元)

c. 压缩⑤~⑥工作 3 d, $\Delta C=0.3$ 万元/d<0.35 万元/d, $T_c=26$ d,总费用 $=59.45+0.3\times3-0.35\times3=59.30$ (万元)

(4)上述优化为最优,T_c=26 d,总费用=59.30 万元,如图 5.59 所示。

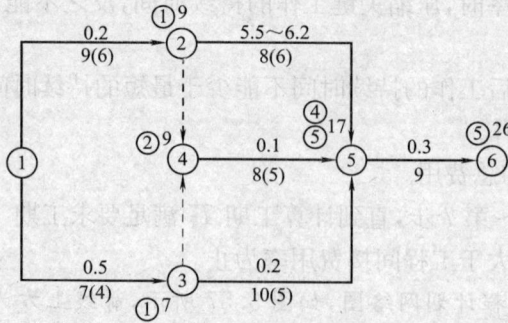

图 5.59　费用优化后网络图

【例 5.14】　已知某工程双代号网络计划,如图 5.60 所示,图中箭线下方括号外数字为工作的正常持续时间,括号内数字为最短持续时间,箭线上方括号外数字为工作按正常持续时间完成时所需的直接费,括号内数字为工作按最短持续时间完成时所需的直接费(以万元为单位),该工程的间接费率为 0.8 万元/d,试进行费用优化并求费用最少的相应工期。

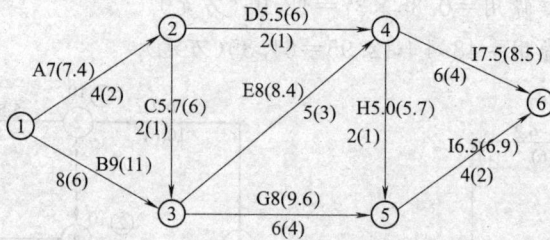

图 5.60　工程双代号网络计划

【解】:(1)计算工期,确定关键线路,T_c=19 d,如图 5.61 所示。

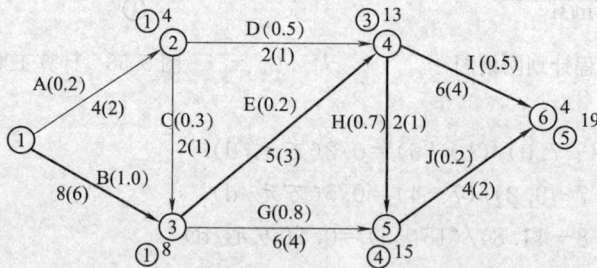

图 5.61　计算工期及关键线路网络图

直接费用率:

A:$\Delta C=(7.4-7)/(4-2)=0.2(万元/d)$,

B:$\Delta C=(11-9)/(8-6)=1.0(万元/d)$,

C:$\Delta C=(6-5.7)/(2-1)=0.3(万元/d)$,

D:$\Delta C=(6-5.5)/(2-1)=0.5(万元/d)$,

E:$\Delta C=(8.4-8)/(5-3)=0.2(万元/d)$,

G:$\Delta C=(9.6-8)/(6-4)=0.8(万元/d)$,

H：$\Delta C=(5.7-5)/(2-1)=0.7$（万元/d）,

I：$\Delta C=(8.5-7.5)/(6-4)=0.5$（万元/d）,

J：$\Delta C=(6.9-6.5)/(4-2)=0.2$（万元/d）。

(2)正常持续时间直接费$=7+9+5.7+5.5+8+8+5+7.5+6.5=62.2$（万元）；

正常持续时间间接费$=0.8\times19=15.2$（万元）；

正常持续时间总费用$=62.2+15.2=77.4$（万元）。

(3)E 工作直接费用率最小,为 0.2 万元/d < 0.8 万元/d,则压缩 E 工作 1 d,$T_c=18$ d,总费用$=77.4+0.2-0.8=76.8$（万元）。

(4)同时压缩 I,J 工作 2 d,其组合费用率为 0.7 万元/d < 0.8 万元/d,$T_c=16$ d,总费用$=76.8+0.7\times2-0.8\times2=76.6$（万元）。

(5)上述优化为最优,$T_c=16$ d,总费用$=59.30$ 万元,如图 5.62 所示。

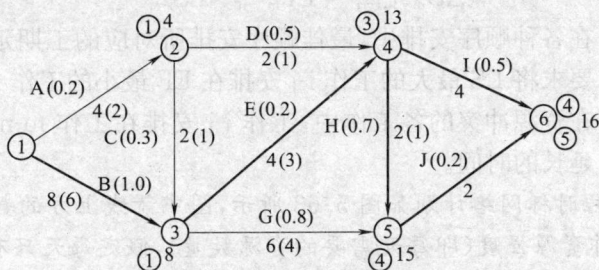

图 5.62 费用优化后最优网络图

4. 资源优化

1)资源优化的目的

资源是指为完成工程任务所需要投入的人力、材料、机械设备和资金等的统称。在实际工程中往往会遇到,在一定时间内所能提供的各种资源有一定限制,即使资源能满足供应,在某一时间资源需求量过大,也会造成现场拥挤,劳动管理复杂,管理费用增加,给企业带来不必要的经济损失,因此需要根据资源情况对网络计划进行调整,在保证规定工期和资源供应之间寻求相互协调和相互适应,这就是资源优化。

资源优化的目的就是通过改变工作的开始时间和完成时间,使资源按时间的分布符合优化目标。

2)资源优化的种类

(1)资源有限—工期最短:通过调整计划安排,以满足资源限制条件,并使工期延长最少的过程。

(2)工期固定—资源均衡:通过调整计划安排,在工期保持不变的条件下,使资源需用量尽可能均衡的过程。

3)资源优化的前提条件

(1)在资源优化中,网络计划中各项工作之间的逻辑关系不可改变。

(2)在资源优化中,网络计划中各项工作的持续时间不可改变。

(3)网络计划中各项工作单位时间所需的资源数量是一常数,资源均衡合理。

(4)工作应保持其连续性,除按要求可中断的工作外,一般不允许中断工作。

4)资源有限—工期最短的优化步骤

(1)按工作最早开始时间绘制时标网络计划及资源需用量曲线。

（2）从开始日期起,逐日检查每日资源需用量是否超过资源限量。如所有时间均满足资源限量要求,则优化方案编制完成,否则,必须进行计划调整。

（3）对超过资源限量的时段进行分析,如该时段内有几个工作平行进行,则采取将一项工作安排在与之平行的另一项工作之后进行的方法,以减少该时段的资源需用量,这样在有资源冲突的时段中,工作两两进行排序,选择工期延长值最小的(即延长工期最短的),将一项工作移到另一项工作之后进行。

（4）每调整一次,都要重新绘制时标网络图和资源需求量曲线,再逐日检查,如有资源冲突时再进行调整,如此循环,直到所有时间内均满足资源需求量要求为止。

5）超过资源限量的优化方法

对超过资源限量的时段进行分析,按下式计算,并确定 $\Delta D_{m'-n',i'-j'}$ 的最小值

$$\Delta D_{m'-n',i'-j'} = \min\{\Delta D_{m-n,i-j}\}$$

$$\Delta D_{m-n,i-j} = EF_{m-n} - LS_{i-j}$$

式中　$\Delta D_{m'-n',i'-j'}$——在各种顺序安排中,最佳顺序安排所对应的工期延长时间的最小值,它要求将 LS 最大的工作 i-j 安排在 EF 最小的工作 m-n 之后进行;

　　　　$\Delta D_{m-n,i-j}$——在资源冲突的各工作中,工作 i-j 安排在工作 m-n 之后进行时,工期所延长的时间。

【例 5.15】　某工程时标网络计划如图 5.63 所示,图中箭线上方的数字为工作持续时间,箭线下方的数字为工作资源强度(即每天需要的资源数量),假定每天只有 9 个工人可供使用,问如何安排各工作最早开始时间,使工期达到最短?

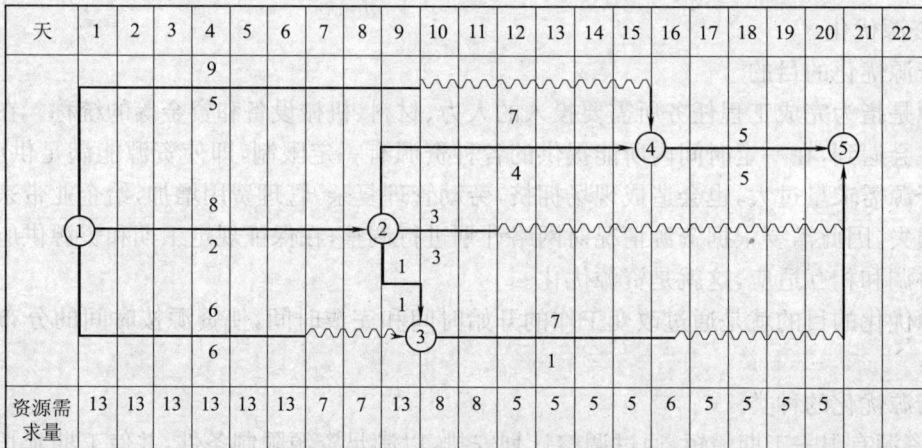

图 5.63　工程时标网络计划

【解】:(1)计算网络计划每天资源需用量,填入图 5.63 资源需求量一栏内;

（2）从开始日期起,逐日检查每日资源需用量是否超过资源限量。如所有时间均满足资源限量要求,则优化方案编制完成,否则,必须进行计划调整。

图 5.63 中,在第 1~6 d,有工作 1-4、1-2、1-3,分别计算 EF_{i-j}、LS_{i-j},确定调整工作最早时间方案,见表 5.10 所示。

表 5.10　超过资源限量时段的工作时间参数表

工作代号 i-j	EF_{i-j}	LS_{i-j}
1-4	9	6

工作代号 i-j	EF_{i-j}	LS_{i-j}
1-2	8	0
1-3	6	7

（3）若最早完成时间 EF_{m-n} 的最小值和最迟开始时间 LS_{i-j} 最大值同属于一个工作，应找出最早完成时间 EF_{m-n} 的次小值和最迟开始时间 LS_{i-j} 次大值的工作，分别组成两个顺序方案，再从中选出较小者进行调整，从表 5.9 中可以看出 $\min\{EF_{m-n}\}$ 和 $\max\{LS_{i-j}\}$ 属于同一工作，找出 EF_{m-n} 的次小值和最迟开始时间 LS_{i-j} 次大值是 8 和 6，组成两组方案。

$$\Delta D_{1-3,1-4} = EF_{1-3} - LS_{1-4} = 6-6 = 0$$
$$\Delta D_{1-2,1-3} = EF_{1-2} - LS_{1-3} = 8-7 = 1$$

选择工作 1-4 安排在工作 1-3 之后，工期不增加，每天资源需要量从 13 人降到 8 人，满足要求，如果有多个平行作业工作，当调整一个工作最早开始时间仍不能满足要求时，就需要继续调整。

（4）绘制调整后的网络计划，重复（1）到（3）步骤直到满足要求为止，如图 5.64 所示，优化后满足要求的网络计划方案。

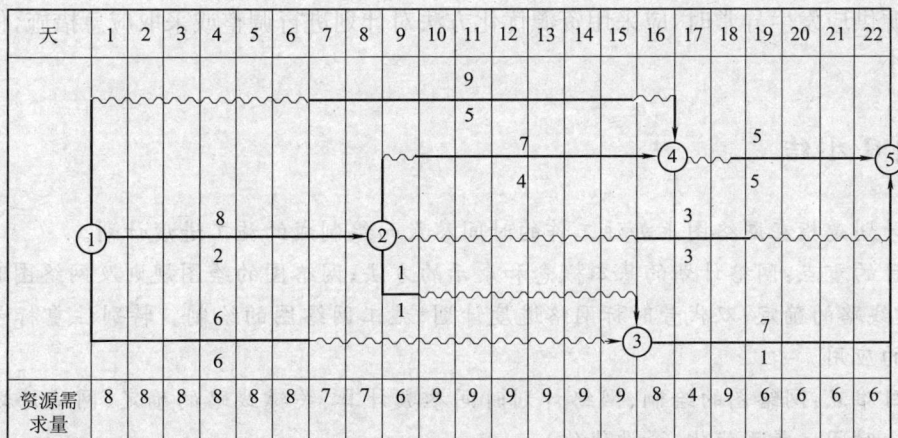

图 5.64　优化网络计划

5. 网络计划的调整

1）关键线路长度的调整

当关键线路的实际进度比计划进度提前时，若不缩短工期，应选择资源占用量大或直接费用高的关键工作，适当延长其持续时间以减少资源强度或费用；若要提前完成计划，应将计划的未完成部分作为一个新的计划，重新进行调整，然后按新计划实施。

当关键线路的实际进度与计划进度落后时，应在未完成部分选择资源强度小或费用变化率低的关键工作，缩短其持续时间，并将计划的未完成部分作为一个计划，按工期优化方法进行调整。

2）非关键工作时差的调整

非关键工作的时差调整的目的：是为了充分利用资源，支援关键工作和降低成本。

调整的方法是：

(1)将工作在其最早开始时间和最迟完成时间范围内移动；

(2)延长工作持续时间或缩短工作持续时间。

在每次调整后，均应重新的计算时间参数，以判断调整对全局的影响。

3)其他调整

其他调整是指由于设计变更或其他原因的影响，需要调整网络计划。

(1)增减工作项目

增减工作项目应当不打乱原网络计划的逻辑关系，只对局部逻辑关系进行调整。由于增减了工作项目，因此必须对调整后的网络计划进行重新计算时间参数，分析对原网络计划产生的影响，必要时，采取措施以保证计划工期不变。

(2)调整逻辑关系

只有当实际情况要求改变施工方法或组织方法时才调整逻辑关系。调整时要使原定计划工期和其他工作免受影响。

(3)重新估计某些工作的持续时间

当发现某些工作的原计划持续时间有误或与实际条件不符时，应当重新估计其持续时间，重新计算网络计划时间参数。

(4)对资源投入的调整

当资源供应发生异常时，应采用资源优化方法对计划进行调整或采取应急措施，使其对工期影响最小。

项目小结

网络计划是指在网络图上加注工作的时间参数而编制成的施工进度计划。

本项目的重点：网络计划的基本概念和表示的方法；网络图的绘图规则及网络图时间参数计算、关键线路的确定；双代号时标网络进度计划；施工网络图的绘制。特别注重标号法在实际工作中的应用。

本项目难点：网络图的绘制、网络计划时间参数计算、关键线路的确定、网络计划的优化（工期优化、时间—费用优化、资源优化）。

项目拓展

单代号搭接网络计划

在双代号和单代号网络计划中，工作之间的逻辑关系是依次关系。但在工程实践中，有许多工作的开始并不是以紧前工作的完成为条件的，其紧前工作开始一段时间后，就可进行本项工作，我们把工作之间的这种关系称为搭接关系。为了简单而直接地表达工作之间的搭接关系，就有了搭接网络计划。搭接网络计划一般采用单代号网络图的表示方法，以节点表示工作，以箭线表示工作之间的逻辑关系和搭接关系。

单代号搭接网络计划必须有虚拟的起点节点和虚拟的终点节点。

工作的时间参数表示方法，如图 5.65 所示。

图 5.65　工作的时间参数表示法

1. 时距(已知)：搭接网络计划中，相邻两项工作之间的时间差值。

1)$STS_{i,j}$：紧前工作的最早开始至本工作最早开始的时间差值。理解为：开始至开始。

2)$STF_{i,j}$：紧前工作的最早开始至本工作最早完成的时间差值。理解为：开始至完成。

3)$FTS_{i,j}$：紧前工作的最早完成至本工作最早开始的时间差值。理解为：完成至开始。

4)$FTF_{i,j}$：紧前工作的最早完成至本工作最早完成的时间差值。理解为：完成至完成。

2. ES_i、EF_i 的确定：

1)由于网络计划的起点节点代表虚拟工作，故其最早开始时间和最早完成时间都为零。凡是与网络计划起点节点相联系的工作，其最早开始时间 ES_i 为零，$EF_i=ES_i+D_i$。

2)其他工作的最早开始时间和最早完成时间是依据时距计算的。在计算最早开始时间 ES_i 的过程中，如果出现 $ES_i<0$ 时，将发生的工作与虚拟的起点节点用虚箭线相连，令 $FTS_{i,j}=0$，并将负值升为零，$EF_i=ES_i+D_i$。若某工作有多项紧前工作且存在着多种搭接关系时，应分别计算其最早开始时间，取其中的最大值。

3)由于网络计划的终点节点代表虚拟工作，故其最早开始时间和最早完成时间都相等，一般为网络计划的计算工期 T_c。计算工期 T_c 的取值，不一定是最后一项工作的最早完成时间，要看整个网络计划中哪项工作的最早完成时间最大，虚拟的终点节点的 $T_c=\max\{EF_i\}$，并将此工作与虚拟的终点节点用虚箭线相连，并令 $FTS_{i,j}=0$。

3. 时间间隔 $LAG_{i,j}$：是指与即定的时距相比还有没有空闲，是依据时距计算的。当相邻两项工作之间存在两种或以上时距的搭接关系时，分别计算其时间间隔，取其中的最小值。

$$LAG_{i,j}=\min\begin{Bmatrix}ES_j-EF_i-FTS_{i,j}\\ES_j-ES_i-STS_{i,j}\\EF_j-EF_i-FTF_{i,j}\\EF_j-ES_i-STF_{i,j}\end{Bmatrix}$$

4. 自由时差 FF_i：可以按单代号网络计划 EF_i 的计算方法来确定。即 $FF_n=T_P-T_c$ 或 $FF_n=0$；$FF_i=\min\{LAG_{i,j}\}$ 进行计算。

5. 总时差 TF_i：可以按单代号网络计划 TF_i 的计算方法来确定。即 $TF_n=T_P-T_c$ 或 $TF_n=0$；$TF_i=\min\{TF_j+\ LAG_{i,j}\}$，但在计算出总时差 TF_i 之后，利用公式 $LF_i=EF_i+TF_i$ 马上判断该工作的最迟完成时间是否超出计划工期 T_P 或计算工期 T_c，若超出显然不合理，将此工作与虚拟的终点节点用虚箭线相连，令 $FTS_{i,j}=0$，重新计算时间间隔、自由时差和总时差。

6. LS_i、LF_i 的确定：$LS_i=ES_i+TF_i$；$LF_i=EF_i+TF_i$。

7. 关键线路的判断：与单代号网络计划相同。

【例 5.15】　某单代号搭接网络计划，如图 5.66 所示，试确定总工期、关键线路以及各工作的时间参数。

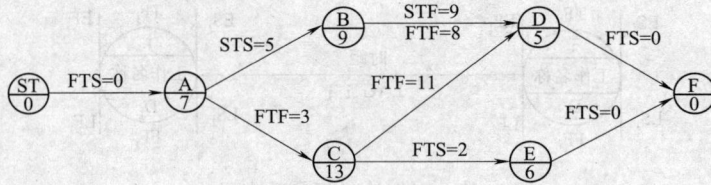

图 5.66　单代号搭接网络计划(单位:天)

【解】:(1)计算 ES_i、EF_i、$LAG_{i,j}$,如图 5.67 所示。

在计算过程中,工作 C 有一项紧前工作 A,根据工作 A 和工作 C 之间的 FTF 时距,得 $EF_C = EF_A + FTF_{A,C} = 7 + 3 = 10$,$ES_C = EF_C - D_C = 10 - 13 = -3 < 0$,将工作 C 与虚拟的起点节点相连,并令之间的 FTS 时距为零,则工作 C 的最早开始时间 $ES_C = 0$,$EF_C = ES_C + D_C = 0 + 13 = 13$。

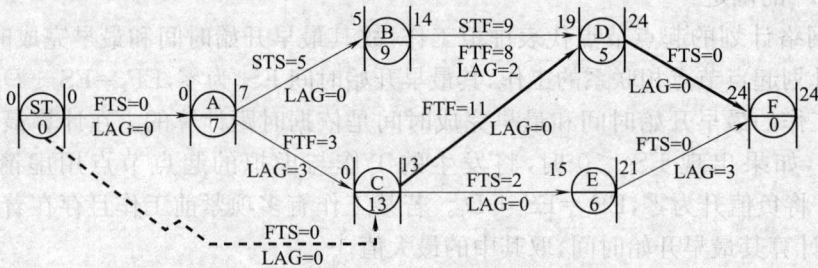

图 5.67　计算 ES_i、EF_i、$LAG_{i,j}$ 网络图

工作 D 有二项紧前工作 B 和 C,且和工作 B 之间有两种搭接关系,则工作 D 的最早开始时间取其最大值。首先,根据工作 B 和工作 D 之间的 STF 时距,得 $EF_D = ES_B + STF_{B,D} = 5 + 9 = 14$;$ES_D = EF_D - D_D = 14 - 5 = 9$;其次,根据工作 B 和工作 D 之间的 FTF 时距,得 $EF_D = EF_B + FTF_{B,D} = 14 + 8 = 22$,$ES_D = EF_D - D_D = 22 - 5 = 17$;第三,根据工作 C 和工作 D 之间的 FTF 时距,得 $EF_D = EF_C + FTF_{C,D} = 13 + 11 = 24$,$ES_D = EF_D - D_D = 24 - 5 = 19$;取上述三个结果中的最大值,则工作 D 的最早开始时间为 $ES_D = \max[9, 17, 19] = 19$,$EF_D = 19 + 5 = 24$。

同理,其他工作的最早开始和最早完成时间也是依据之间的时距关系确定出来的。

此网络计划最早完成时间的最大值是 24 d,则虚拟的终点节点的最早开始和最早完成时间均为 24 d,总工期为 24 d。

关键线路从后往前推,逆着箭线方向由工作之间时间间隔均为零所构成的线路,如图 5.66 中的粗线部分。

(2)计算 FF_i:自由时差 $FF_i = \min\{LAG_{i,j}\}$,如图 5.68 所示。

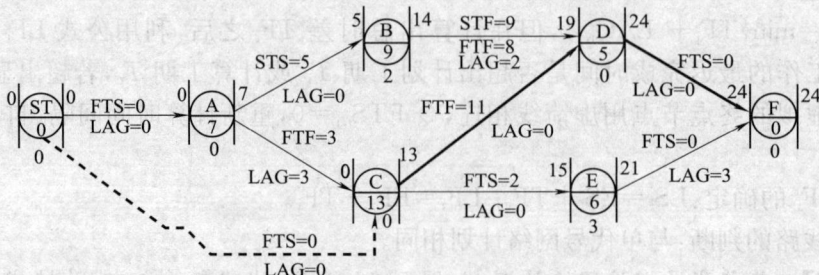

图 5.68　计算 FF_i 网络图

(3)计算 TF_i : $TF_n = 0$, $TF_i = \min\{TF_j + LAG_{i,j}\}$,并判断各项工作的最迟完成时间是否超过总工期。经判断各项工作的最迟完成时间均不超过总工期,如图 5.69 所示。

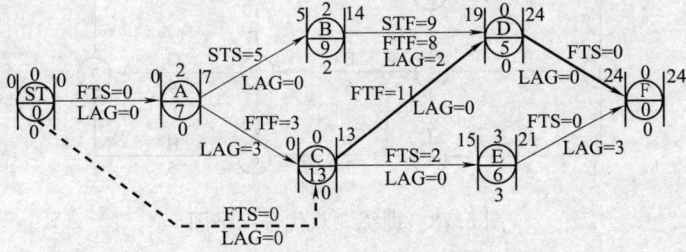

图 5.69 计算 TF_i 网络图

(4)计算 LS_i 、LF_i :最迟开始时间 $LS_i = ES_i + TF_i$;最迟完成时间 $LF_i = EF_i + TF_i$,如图 5.70 所示。

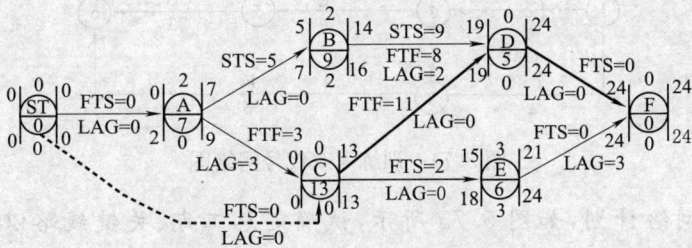

图 5.70 计算 LS_i 、LF_i 网络图

项目训练

1. 已知双代号网络计划,如图 5.71 所示,利用标号法确定关键线路、求总工期以及各工作的时间参数。

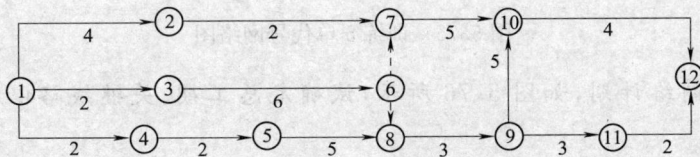

图 5.71 训练 1 双代号网络图

2. 已知双代号网络计划,如图 5.72 所示,利用标号法确定关键线路、求总工期以及各工作的时间参数。

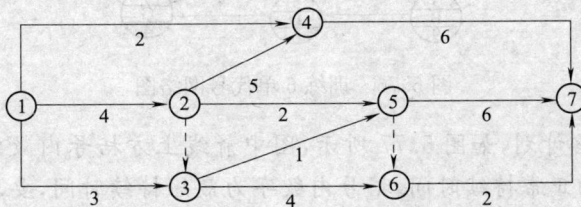

图 5.72 训练 2 双代号网络图

3. 根据双代号网络进度计划,如图 5.73 所示,绘制双代号时标网络进度计划。

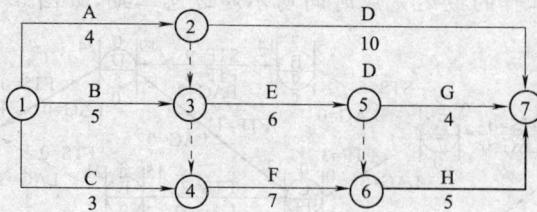

图 5.73　训练 3 双代号网络图

4. 根据双代号网络进度计划,如图 5.74 所示,绘制双代号时标网络进度计划。

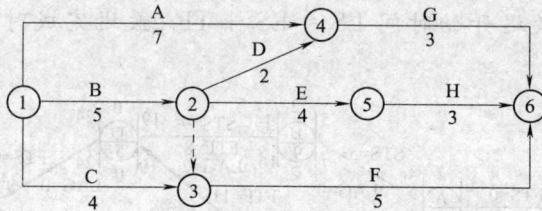

图 5.74　训练 4 双代号网络图

5. 某单代号网络计划,如图 5.75 所示,试确定总工期、关键线路以及各工作的时间参数。

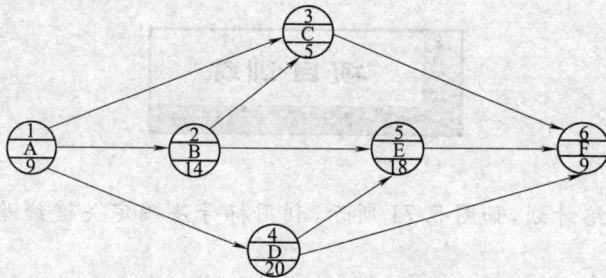

图 5.75　训练 5 单代号网络图

6. 某单代号网络计划,如图 5.76 所示,试确定总工期、关键线路以及各工作的时间参数。

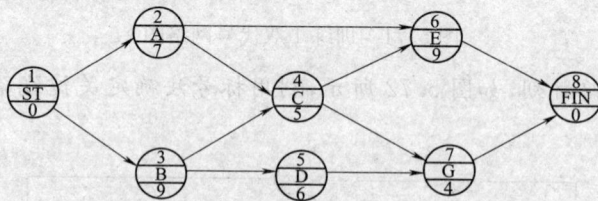

图 5.76　训练 6 单代号网络图

7. 已知双代号网络计划,如图 5.77 所示,图中箭线上方括号内数字为优选系数,箭线下方括号外数字为工作的正常持续时间,括号内数字为最短持续时间,要求目标工期为 11 d,试对其进行工期优化。

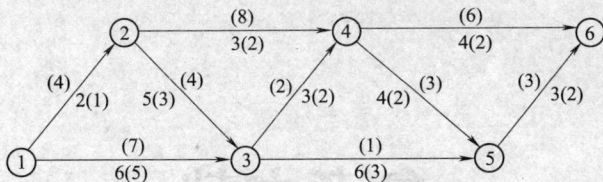

图 5.77　训练 7 双代号网络图

8. 已知工程网络计划,如图 5.78 所示,箭线下方括号外数字为工作的正常持续时间,括号内数字为工作的最短持续时间,箭线上方括号内数字为优选系数,要求工期为 12 d,试进行工期优化。

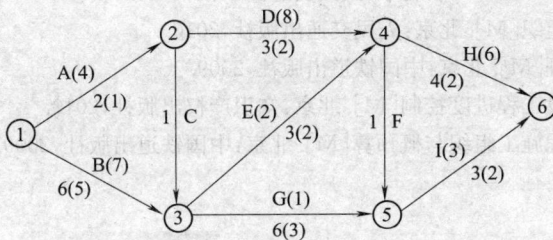

图 5.78　训练 8 双代号网络图

9. 已知某工程双代号网络计划,如图 5.79 所示,图中箭线下方括号外数字为工作的正常持续时间,括号内数字为最短持续时间,箭线上方括号外数字为工作按正常持续时间完成时所需的直接费,括号内数字为工作按最短持续时间完成时所需的直接费(以千元为单位),该工程的间接费率为 0.8 千元/d,试进行费用优化并求费用最少的相应工期。

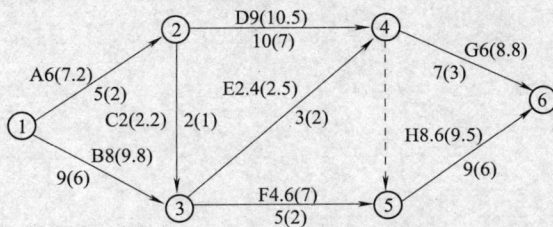

图 5.79　训练 9 双代号网络图

参考文献

［1］北京理工大学.公路工程施工现场管理快速培训教材［M］.北京:北京理工大学出版社,2009.

［2］赵志缙,应惠清.建筑施工［M］.上海:同济大学出版社,2004.

［3］朱凤兰,韩军峰.土木工程施工组织［M］.北京:人民交通出版社,2011.

［4］侯洪涛,南振江.建筑施工组织［M］.北京:人民交通出版社,2010.

［5］吴安保.铁路工程施工组织［M］.北京:人民交通出版社,2010.

［6］张立.铁路施工企业管理［M］.北京:中国铁道出版社,2009.

［7］中国建设监理协会.建设工程进度控制［M］.北京:知识产权出版社,2010.

［8］李明华.铁路及公路工程施工组织与概预算［M］.北京:中国铁道出版社,2009.